Riemann

One Earth Spirit

MAURO CORONA

Die Spur des Marders

Vom ursprünglichen Leben
und der verlorenen Zeit

Aus dem Italienischen von Elisabeth Liebl

Riemann
One Earth Spirit

Die italienische Originalausgabe erschien 1997 unter
dem Titel »Il Volo della Martora« bei Vivalda Editori, Turin

Umwelthinweis:

**Dieses Buch wurde auf 100 % Recyclingpapier gedruckt,
das mit dem blauen Engel ausgezeichnet ist.**

Die Einschrumpffolie (zum Schutz vor Verschmutzung)
ist aus umweltfreundlicher und recyclingfähiger PE-Folie.

Der Riemann Verlag
ist ein Unternehmen der Verlagsgruppe Bertelsmann

1. Auflage

Redaktion: Gerhard Juckoff
Satz: Barbara Rabus, Sonthofen
Druck und Bindung: GGP Media, Pößneck
Printed in Germany
ISBN 3-570-50019-5
www.riemann-verlag.de

Für Marisa,
die eines Tages zu mir sagte:
»Schreib!«

Am 9. Oktober 1963 stürzte ein Teil des Monte Toc in den neu erbauten Stausee des Vajont und löste dadurch eine Flutwelle aus, die den Damm und mit ihm sämtliche Dörfer, die ihr im Weg standen, einfach hinwegfegte. Es gab mehr als 2000 Tote. In diesem Augenblick ging etwas für immer verloren: Nicht nur das Leben dieser Menschen war ausgelöscht. Mit ihnen verschwand unwiederbringlich eine Lebensart, die hier wieder vor unseren Augen ersteht. Der Autor war 13 Jahre alt, als die Tragödie sein Leben veränderte. Aber er verließ das Tal nicht. Er blieb dort, verwurzelt in seinen Bergen, ein Sohn der Wälder und Freund der Tiere. Er wurde ein großer Bildhauer und Dichter. Und er bewahrte das, was die Fluten hinwegrissen, für uns in seinem Gedächtnis. Die 26 Erzählungen dieses Bandes sind ein Fresko dieser verlorenen Welt: die Geschichte der Leute von Erto mit all ihren Mühen und Leiden. Die Geschichte einfacher Männer und Frauen, die als Bergbauern und Wildschützen ihr Leben fristeten. Die Geschichte der Tiere und Pflanzen, die dieses Leben begleiteten, denn auch sie haben eine Seele und sprechen zu dem, der ihnen zu lauschen weiß.

Inhalt

BÄUME

Mein Großvater

Mein erster Lehrmeister in der Kunst der Holzbearbeitung war mein Großvater väterlicherseits. Er war 1879 geboren und trug seinen Schnurrbart immer wie der österreichische Kaiser Franz Joseph. In seiner Jugend war er beim ersten Radrennen von Mailand nach San Remo mitgefahren, aber er war kein professioneller Radsportler: Er war fliegender Händler von Beruf und reiste in der Gegend herum, um die von ihm geschnitzten Gegenstände in den Dörfern zu verkaufen. Von Erto bis Mailand kam er mit seinem unverwüstlichen Fahrrad, das er vorne und hinten mit einem Gepäckträger ausgerüstet hatte. Darauf transportierte er in großen Kästen die Holzwaren, die er verkaufen wollte. Er war also gut trainiert und schaffte es, das Rennen bis zum Ende zu fahren. Allerdings hat er mir nie erzählt, auf welchem Platz er dabei landete. Vielleicht hatte er es vergessen.

Sobald der Kuckuck im Frühling zu rufen anfing, ging er auf Marktfahrt und kehrte zurück, wenn die Blätter fielen. Er verpackte die Ware in Säcke und schickte sie mit dem Zug von Longarone ab. Sein Warenlager hatte er bei einer Familie in Gallarate. Während der langen, stillen Wintertage schnitzte er, was er im nächsten Jahr verkaufen wollte: Löffel, Gabeln, Siebe, Backschaufeln, Kochlöffel und Schüsseln. Und ich prägte mir seine Bewegungen ein, während ein großes Feuer das Haus erwärmte, das voller Holz war. An der Kaminkette über dem Feuer hing ständig ein Topf mit Bohnen.

Mein Großvater verstand die Bäume besser als jeder Botaniker. Natürlich kannte er ihre lateinischen Namen nicht, aber mit ihrem Wesen war er innig vertraut. Jedes Gewächs hat sein eigenes Temperament, sagte er, und reagiert anders auf den Menschen, der es berührt. Es gibt sanftes Holz, trauriges, nachtragendes, standhaftes, selbstsüchtiges – gerade so wie bei den Menschen. Er wusste dies und gab sein Wissen Schritt um Schritt an mich weiter, voller Ruhe und Weisheit.

Ich lernte, dass die Zähne am Rechen aus Hainbuche gemacht werden. Die Hainbuche ist dickköpfig und setzt dem Zahn der Zeit ihr hartes Holz entgegen. Der Stiel hingegen wird aus jungem Pinienholz gemacht, das sanft und weich ist, sodass die Hand keine Blasen bekommt. An allen anderen Hölzern schält sich die Haut, vor allem an der Akazie. Doch mir kam es schnell überflüssig vor, sich um den Stiel des Rechens zu sorgen: Ich hatte nämlich entdeckt, dass man von der Arbeit Hornhaut bekommt, die vor den Verletzungen schützt.

Der Zapfhahn seinerseits muss aus dem Stamm des Goldregens sein, da dieser – im Gegensatz zum Menschen – sich auf Jahre hinaus vom Wein nicht verbiegen lässt.

Aus der Zirbelkiefer wiederum schnitzt man Anrichten. Wenn ihr Holz nicht völlig unnötig unter Lack erstickt wird, erfüllt ihr Duft für immer das ganze Haus.

Der Ahorn ist ideal für die großen Polentalöffel. Sein weißes, sauberes Holz zeigt sich edel und achtet die Nahrung. Es ist allerdings auch ziemlich eigenwillig und amüsiert sich köstlich, wenn wieder ein Schnitzeisen an ihm schartig wird.

Die Eibe ist ein Baum voller Hochmut und Selbstsucht. Ihr stahlhartes Holz widersteht dem Eisen mit kaltem Lächeln. Blutrot ist ihre Farbe, kräftig geflämmt. Eine niedere Stellung lehnt dieses Holz schlichtweg ab, es will zum Kunstwerk werden. Die Drechsler machten daraus Haspeln zum Spinnen der Wolle.

Der Schaft einer Axt schließlich sollte aus Buchenholz sein, da dieses Holz in der Länge wunderbar elastisch ist und nicht leicht bricht. Ebenfalls aus Buchenholz sind Schüsseln und Löffel. Es muss verarbeitet werden, solange es noch frisch ist, denn es hat einen ausgesprochen verschlagenen Charakter: Es erträgt es nicht, dass die Zeit vergeht, und je älter es ist, umso mehr verschließt es sich und lässt sich nicht mehr bearbeiten. Es gibt auch traurige Fasern, die weinen, sobald man sie berührt. Dazu gehören zum Beispiel die Binsen oder der wilde Wein. Aus ihnen flocht man die Wiegenkörbe der Neugeborenen. Vielleicht weil das Leben selbst ein Tal der Tränen ist.

Zum Bearbeiten nimmt man nur das erste Stück des Stammes, jenes, das direkt aus der Erde kommt, nie mehr als anderthalb Meter in der Höhe.

Ich war noch ein Kind, als ich all diese Geheimnisse von dem hoch gewachsenen, schweigsamen Alten lernte. Ich könnte noch stundenlang von der Seele der Pflanzen und

Bäume erzählen. Später, als ich Bildhauer wurde, nützte mir dieses Wissen ungeheuer viel. Augusto Murer, der meine ersten Versuche begleitete, sagte mir immer wieder, dass mein Wissen über das Holz seine Bewunderung errege. Per Anhalter machte ich mich damals auf die Reise zu seinem Atelier und entlockte ihm die Geheimnisse seiner Kunst. Zehn Jahre lang, von 1975 bis 1985, dem Jahr, in dem er starb, nahm ich alles von ihm, was er gab.

Mein Großvater liebte den Wald und alles, was er uns schenkt. Er ernährte seine Familie von den Gaben des Waldes, auf die er sich vertrauensvoll verließ. Immer hat er dabei die Natur mit großem Respekt behandelt. Im Frühjahr nahm er mich zum Pfropfen der Obstbäume mit. Während dieser Operation musste ich ein bestimmtes Ritual ausführen: Er schnitt mit dem Pfropfmesser den Stamm ein, um dort den neuen Trieb einzupflanzen. Ich hingegen hielt mit den Händen die Mutterpflanze umfasst, damit diese sich beschützt fühlte.

»Wenn ich den Schnitt ansetze«, so erklärte er mir, »tut ihr das weh, und sie wird nervös. Deine Hände helfen ihr, ihre Furcht zu überwinden.«

Er sprach mit solcher Überzeugung, dass mich manchmal die Angst überfiel, er könnte vielleicht verrückt sein. Dasselbe Gefühl habe ich heute gelegentlich, wenn ich bestimmten Naturschützern zuhöre.

Wenn ich im Wald arbeite, umfasse ich heute noch gern die Baumrinde mit Händen.

Auch das Wasser hatte für meinen Großvater eine besondere Bedeutung. Es stimmt nämlich nicht, dass Wasser keinen Geruch und Geschmack hat: Ich habe von ihm gelernt, beides wahrzunehmen. Das Wasser des Valdenere, eines mächtigen Wildbachs, nannte er »roh«. In seine Quelle legten wir die Nussbaumstöcke zum Wässern, da sie danach leichter in Späne geschnitten werden konnten, und für Tragekörbe brauchte man Späne, lange, schmale Streifen aus Holz. Dieses Wasser machte das Holz weicher als jedes andere.

Wenn wir zu den Fontanelle-Almen hinaufstiegen, um dort das Gras zu mähen, tranken wir aus einer kleinen Quelle, die zwischen Mooskissen entsprang. Sie floss ohne jedes Geräusch dahin, wie Öl. Dieses Wasser war süß.

»Spürst du, wie süß es schmeckt?«, fragte er mich jedes Mal.

Das Wasser der Cogarìa auf dem Buscada-Gipfel empfand er als bitter. Es war sehr kalt.

»Das ist gut für die Verdauung«, meinte er.

Das Wasser aus Settefontane hingegen war ein Heilwasser. Ihm zufolge half es gegen die Folgen des Rausches. Und er hatte die Hilfe dieser Quelle des Öfteren nötig. Im Rodisegre-Tal hingegen gab es ein weißliches Wasser, mit dem man Umschläge bei Verstauchungen machte.

Mein Großvater verstand es, allen einfachen Dingen Leben einzuhauchen. So sagte er von einem Felsen, er habe ein hartes oder weiches Wesen. Ein Felsen mit weichem Wesen – das hört sich komisch an. Aber als wir die Stützmauern bauten, welche die Erde auf den steilen Hängen fest halten, sprach er von den Steinen mit solchen Worten.

Er war einfach so. Während der Arbeit redete er kein Wort. Er war gläubig, doch die Feiertage waren ihm gleichgültig. Ostern, Weihnachten – für ihn war das mehr oder weniger dasselbe. Er beugte sich über die festliche Tafel, kaute seinen Toscano-Tabak und brummte etwas Unverständliches. Die Axt konnte er sowohl mit der Rechten als auch mit der Linken führen.

Er brachte mir schon früh bei, wie man aus Holz Gebrauchsgegenstände schnitzt, aber mir genügte das nicht. Mich reizte von Anfang an die Gestalt des Menschen. Auf die gebogene Außenseite des Löffels ritzte ich mit dem Hohleisen Nasen, Münder und Ohren, sodass der Löffel aussah wie ein Gesicht. Er lächelte und bewahrte meine frühen Skulpturen auf. Anfangs brachte er mir bei, wie ich mit der *manera,* der großen Holzfälleraxt, umzugehen hatte, damit ich nicht etwa einen Finger auf dem Hackklotz ließ. Er wurde niemals wütend, wenn er etwas erklärte. Ich erinnere mich gern an sein gütiges, beinahe unschuldiges Gesicht.

Die Zeit verging, und das Zeitalter des Plastiks brach an. Es war im Jahr 1962, als der Kopf meines Großvaters nicht mehr recht funktionieren wollte. Arteriosklerose, hieß es. Damals waren wir drei Brüder schon weitgehend uns selbst überlassen. Zusammen mit ihm und der Großmutter schlugen wir uns so durch. Eine merkwürdige, taubstumme Tante, die unverheiratet geblieben war, wusch und betete für uns alle. Solange mein Großvater lebte, gab es in unserem alten Haus in Erto immer ein paar Haufen voller Hobelspäne, in die wir uns zum Schlafen verkrochen.

Eines Tages in diesem Jahr 1962 – es war der Tag vor dem Fest von San Bartolomeo, dem Schutzheiligen des Dorfes – machte mein Großvater sich mit einem großen Rucksack auf den Schultern auf nach Longarone. Er wollte ein paar Lire für den Festtag verdienen. Vielleicht hatte ich damals eine Art Vorahnung. Jedenfalls lief ich ihm bis zur Kurve von Spesse nach und zog ihn an der Jacke, um ihn von seinem Vorhaben abzubringen. Damals hat er mich zum ersten Mal schlecht behandelt: Seine Krankheit hatte ihn böse gemacht. Er versetzte mir einen Stoß und setzte seinen Weg fort.

Mein Blick folgte ihm. Er schritt unbeirrt und fest entschlossen aus.

Am darauf folgenden Tag warteten wir auf ihn. Das Patronatsfest hatte schon begonnen. Es war August. Jemand hatte uns eine Wassermelone geschenkt, und wir wollten sie nicht ohne ihn aufschneiden. Statt seiner kamen die Carabinieri und teilten uns mit, dass er tot war. In Belluno hatte ihn ein Auto überfahren, während er über die Straße ging.

In der Joppe fand man das Geschenk, das er uns mitbringen wollte: ein Brathuhn, fest in Papier gewickelt. Damit hätten wir seine Rückkehr feiern sollen. Er war bis nach Belluno gekommen in seinem Wahn, noch einmal seine Schnitzereien verkaufen zu wollen, und obwohl ihn bereits eine sanfte Verrücktheit umfing, hatte er uns nicht vergessen.

Er war 83 Jahre alt. Auf dem Asphalt war der zerfetzte Rucksack zurückgeblieben – rundherum lagen Koch- und Esslöffel aus Holz.

Die Buche

Der Waldarbeiter Santo Corona, den man auch Santo della Val, also Santo vom Tal*, nannte, war 64, als er beschloss, die große Buche zu fällen. Gut 300 Jahre war sie zu jener Zeit schon alt.

Der Vater und der Großvater von Santo, vielleicht sogar sein Urgroßvater, hatten sich in ihrem Schatten ausgeruht.

Die Rotbuche herrschte über den ganzen Wald. Niemand hatte je gewagt, sie zu fällen, und zwar aus einem einfachen Grund: Der Baum stand am Rande einer tiefen Schlucht, welche die östliche Grenze des rauen Val da Dìach bildet. Wäre er dem unvorsichtigen Holzfäller in den tief unten fließenden Wildbach gestürzt, hätte der sich nicht nur zum Gespött der anderen Waldarbeiter gemacht, sondern darüber hinaus noch eine Menge gutes Holz für die Familie verloren.

Doch all diese Gefahren machten Santo della Val keine Angst, denn er hegte ein geradezu gläubiges Vertrauen in seine Kunst, die er von Kindesbeinen an gelernt hatte. Schon als Junge von zehn Jahren hatte er – zusammen mit seinem Vater und seinem Großvater – Bergkiefern in den Wäldern von Val Zemola geschlagen. Der Vater, der die Leidenschaft des Jungen erkannt hatte, war zu den berühmten Schmieden nach Maniago hinuntergegangen, um für seinen Sohn eine kleine Axt machen zu lassen, die

* Da es im Italienischen keine Vorschriften bei der Vergabe von Vornamen gibt, kann ein Kind auch wie hier auf den Namen »Santo«, also Heiliger, getauft werden. (A. d. Ü.)

nicht zu schwer war für seine Arme. Seit jenen fernen Tagen beschäftigte sich Santo nur mehr mit dem Handwerk des Baumfällens, nebenbei das einzige, worauf er sich verstand.

Sogar ins Ausland war er gekommen. Mehrere Jahre lang hatte er in Frankreich und Österreich Holz geschlagen. Man erzählt, dass an seinem ersten Tag in Österreich die Kollegen seine Geschicklichkeit mit der Axt in Zweifel gezogen hatten. Santo sagte dazu kein Wort, sondern schärfte nur sein Instrument mit dem Abziehstein aus Candia. Er wartete bis zum Abend, und als die Holzfäller in der Hütte beim Abendessen zusammensaßen, zog er mit einem Ruf die Aufmerksamkeit aller auf sich. Er rollte sich das Hosenbein hoch bis zum Knie, hob die Axt und holte plötzlich zu einem gewaltigen, treffsicheren Schlag gegen sein Bein aus. Als die zu Stein erstarrten Holzfäller erschrocken wieder die Augen öffneten und glaubten, ihn ohne Fuß zu sehen, erkannten sie voller Verwunderung, dass Santos mörderische Rasur ihn nur einige Haare an der Wade gekostet hatte. So viel teuflische Präzision hatten sie noch nie erlebt, und von diesem Augenblick an wurde Santo respektiert. Vielleicht ist das ja nur eine erfundene Geschichte, aber da, wo ich herkomme, glaubt man sie gerne.

Als er in unser Dorf zurückkehrte, fing er an, allein und auf eigene Rechnung zu arbeiten. Er meinte immer, dass zwei schon einer zu viel seien, sofern es sich bei der zweiten Person nicht um eine schöne Frau handelte.

In den letzten Jahren arbeitete er nicht mehr für Geld,

doch seine Liebe zum Wald hielt auch seine Leidenschaft für das alte Handwerk lebendig.

Er gab sich damit zufrieden, so viel Holz zu schlagen, wie er für den Winter brauchte, und was ihm übrig blieb, gab er diesem oder jenem Alten, der es nötig hatte.

An einem kalten und klaren Tag Mitte November beschloss er, die riesige Buche zu fällen. Zwei Gründe hatten ihn zuletzt doch dazu bewogen. Zum einen ging ihm der Gedanke schon seit Jahren im Kopf herum: Er wollte endlich die Herausforderung annehmen, der kein anderer Holzfäller sich je zu stellen gewagt hatte. Der Baum stand direkt am Abgrund, und ihn so zu fällen, dass er auf die Bergseite fiel, war nicht gerade leicht. Der zweite Grund war, dass er das Leiden des Baumes verringern wollte. Spechte hatten sich über ihn hergemacht und Löcher in sein Holz gehackt, so groß und tief wie ein Weinglas. Wenn der Specht an einem Baum zu Werke geht, dann bedeutet dies, dass er am Ende ist: Das Holz außen herum ist krank und das Mark innen bereits tot. Auch wenn der Baum im Frühling noch austreibt, so ist dies doch nicht mehr als ein letzter Gruß an das Leben. Ein paar Jahre noch und er stirbt ab. Niemand weiß, wie der Specht erkennt, dass ein Baum am Ende ist. Er sieht den Tod quasi vorher, wenn es an der Oberfläche noch keinerlei Anzeichen gibt. Und er beginnt, seinen Schnabel in die Rinde zu schlagen, weil er weiß, dass darunter weiches, faules Holz sitzt. So dringt er leicht in den Stamm vor und kann sein Nest darin bauen.

Santo della Val wollte das Leiden des Baumes abkürzen

und so stand sein Entschluss fest. Den ersten Tag brachte er damit zu, sein Werkzeug herzurichten. Er schärfte die lange Säge, die an beiden Enden Griffe hatte. Dann schliff er die Axt, seine Axt: eine legendäre *Müller,* die er in Kärnten erstanden hatte.

»Das sind die besten Äxte der Welt«, sagte er. »Sie haben um den Stiel herum einen Kern aus Silber, damit es beim Schlagen weniger prellt.«

Als Letztes machte er sich zehn Keile aus einem zähen und harten Holz: aus dem Stamm des Goldregens. Und den schweren Eisenhammer packte er ein. Als er alles vorbereitet hatte – es war der 14. November –, begab er sich zu dem Platz, an dem die Buche stand. Die Blätter waren mittlerweile fast alle gefallen, und die Wälder wirkten aufgeräumt und durchscheinend, eine Stätte der Ruhe. Es war bereits spürbar, ja empfindlich kalt, und die Luft roch schon nach dem kommenden Winter.

Fast einen halben Tag lang tat Santo nichts anderes, als den Baum genauestens zu studieren. Er setzte sich etwa zehn Meter vom Stamm entfernt hin und beobachtete ihn. Ganz unten war er mindestens einen Meter dick. Zum ersten Mal fiel ihm auf, dass die Buche sich leicht über den Abgrund neigte. »Mist«, dachte er. »Ich werde die Seilwinde nehmen müssen.«

In etwa eineinhalb Metern Höhe waren allerlei Zeichen in die Rinde geritzt. Hier hatten sich die Spaziergänger verewigt, mit einem Taschenmesser ihre Botschaften hineingeschnitten. Der Pflanzensaft aber hatte die Wunden schnell wieder verschlossen, der Baum sie im Wachsen überwuchert und dadurch unlesbar gemacht. Ein Zeichen jedoch war in diesem Dickicht von Hieroglyphen lesbar geblieben und hatte sich gegen den Zahn der Zeit gewehrt: ein Herz, das sich um zwei Buchstaben schlang, ein M und ein F. Und Santo hing eine Weile seinen Gedanken über die beiden Unbekannten nach, deren Initialen seit wer weiß wie vielen Jahren von diesem Zeichen der Liebe umrahmt wurden.

»Wo sie heute wohl sind?«, fragte er sich. »Vielleicht lieben sie sich ja gar nicht mehr. Oder einer von beiden ist tot, vielleicht auch beide. Und wenn sie noch am Leben sind, dann sind sie mittlerweile wohl ziemlich alt.«

Wie er daran denken musste, dass der Fluss des Lebens unseren Körper aufzehrt und unsere Gefühle erlöschen lässt, überfiel ihn die Melancholie. Auch er hatte vor Jahren in der Steiermark zwei Buchstaben in einen Baum geritzt, aber die Sache ging auseinander, sodass er am Ende allein geblieben war.

Er zündete seine Pfeife an und betrachtete von neuem die Buche. Diese gab ihm den Blick feierlich zurück. Der Wipfel hoch oben im metallischen Himmel tanzte – bewegt von einer leichten Brise – sanft hin und her. Dieser jahrhundertealte Baum hatte Generationen von Holzfällern gesehen. Er hatte seinen Blick auf Hunderten von Bergbauern ruhen lassen, die zur Galvana-Alm oder zu den Centenere-Bergen aufgestiegen waren, um Heu zu machen. Spielende Kinder allerdings hatte er unter seinen Ästen nie empfangen, weil der Abgrund zu nahe war. Darunter hatte der Baum immer gelitten, sodass er es dem Specht nicht übel nahm, als er anfing, ihn zu durchlöchern. Manchmal stellt uns das Leben einfach an einen

Platz, den wir selbst nicht gewählt haben und der uns – gegen unseren Willen – zur Einsamkeit verdammt, weil wir für alle, die sich uns nähern, eine Gefahr darstellen.

Mittags dann setzte Santo della Val, nicht ohne ein Gefühl der Rührung, den ersten Schnitt an. Der Novembermond nahm ab, das war die beste Zeit für die Arbeit am Holz. Zuerst vollführte er einen Schnitt mit der Säge, und zwar auf der Hangseite. Dieser Schnitt ging fast bis zur Mitte des Stammes und kostete ihn Stunden harter Arbeit. Als er den Kopf wieder hob, bemerkte er, dass der Himmel langsam dunkel wurde. Daher versteckte er sein Werkzeug und machte sich auf den Heimweg. »Morgen ist es soweit«, dachte er, während er ins Tal hinunterstieg. »Ich muss sehr vorsichtig sein. Leicht wird das gewiss nicht. Niemand hat sich je getraut, den Baum zu schlagen. Das Risiko, dass es danebengeht, ist ziemlich groß. Ein winziger Fehler und er saust mir in die Schlucht hinunter. Aber ich weiß, wie ich ihn kriege. Und dann habe ich mehr als vier Klafter Holz.«

In dieser Nacht schlief er kaum. Die Buche wartete auf ihn, alt und krank, aber immer noch stark und kampfeswillig. Diese feste, stille Burg dort oben jagte ihm ein wenig Angst ein. Lieber wäre ihm gewesen, er hätte gegen etwas Bewegtes zu kämpfen gehabt. Dann hätte er aus Gesten und Reaktionen ablesen können, was in dessen Innerem vor sich ging. Doch jemand, der still und unbeweglich bleibt und uns einfach in die Augen sieht, verwirrt uns, weil wir nicht die geringste Chance haben herauszufinden, was er als Nächstes tun wird.

Am nächsten Tag nahm er die Winde mit. Er wand die Seile in halber Höhe um den Stamm und zurrte die Enden an einem großen Baumstumpf fest. Dann zog er mit dem Hebel der Winde die Seile an. Er setzte acht Keile in den Schnitt, den er am Vortag ausgeführt hatte, und schlug sie mit dem Hammer ein, sodass sie fest saßen. Der Baum ließ ihn ruhig machen und rührte sich nicht. Schließlich holte Santo die Müller-Axt heraus und begann, an der dem Sägeschnitt entgegengesetzten Seite ruhig und sicher zu schlagen. Er arbeitete stundenlang, bis das Blatt der Axt heiß war. Wenn er sie nicht mehr richtig halten konnte, setzte er ab, spuckte in die Hände und machte mit neu erwachter Ausdauer weiter. Dicke Späne flogen durch die Luft und fielen in den Abgrund wie erlöschende Sterne. In den Pausen trocknete er sich die Hände. Dann genehmigte er sich eine Pfeife und einen Schluck Wein.

Je weiter der geschlagene Spalt sich nun der Mitte des Stammes näherte, wo von der anderen Seite her der Schnitt mit der Säge eingedrungen war, desto stärker stieg in ihm die Spannung. Er wusste, dass sein Tun die ganze Macht des Stammes freisetzen würde. Hin und wieder trat er etwa zwanzig Schritte zurück, um von weiter weg zu überprüfen, ob der Riese sich bewegte. Nichts. Der Baum stand immer noch fest. Dann zog er die Seile von neuem an, mit denen er den Baum zwingen wollte, sich Richtung Berg zu neigen, und trieb mit dem Eisenhammer die Keile auf der anderen Seite immer tiefer hinein, um auch nicht einen Millimeter der gewonnenen Neigung zu verlieren. Mit der Axt, der Winde und den Keilen arbeitete er den ganzen Tag. Als die Dämmerung hereinbrach, hätte er das

Ganze zum Abschluss bringen können, aber er zog es vor, dies auf den folgenden Tag zu verschieben.

»Für heute reicht's«, dachte er.

In dieser Nacht schlief er gut und tief. Nun war er sicher, den Sieg davonzutragen. Und die bewundernden Kommentare der Dorfbewohner klangen ihm schon im Ohr. Schließlich hatte er alles ganz alleine gemacht.

Am nächsten Tag, dem 16. November, ging er ein wenig später als üblich in den Wald hinauf. Nach den ersten Schlägen spürte er eine gewisse Bangigkeit in sich aufsteigen. Er hatte zwar im Laufe seines Lebens Hunderte von Bäumen gefällt, aber noch immer hatte er sich nicht an den Anblick eines fallenden Baumes gewöhnt. Wenn er sich zu neigen beginnt, hat man plötzlich das Gefühl, einen schrecklichen Fehler, ja ein Verbrechen begangen zu haben. Man hat den Punkt überschritten, von dem aus es kein Zurück mehr gibt. Etwas Unwiederbringliches wird verschwinden, und dies macht uns Angst. Erst nachdem der Baum gestürzt ist, kehrt wieder Ruhe ein.

Die letzten Schläge der Axt erklangen zusammen mit dem Mittagsläuten aus dem Dorf, als die riesige Buche ein Lebenszeichen gab und zu sprechen anfing. Ein Ruck ging durch sie hindurch, der sie bis in den Wipfel erschütterte. Das letzte Kernholz, das zwischen Schnitt und Axtspalt noch verblieben war, stieß ein gewaltiges Knarren aus. Doch einige Sekunden später war alles wieder ruhig. Plötzlich hörte man eine sanfte Klage in der Luft. Sie kam von den Seilen der Winde, die sich bis zum Zerreißen spannten. Santo della Val sah sie entsetzt an.

»Was soll denn das?«, dachte er. »Wenn der Baum sich dem Berg zuneigt, müssten sie doch locker werden.«

Doch die Klage der Seile wurde immer stärker.

»Verdammt!«, fluchte er. (Um die Wahrheit zu sagen, stieß er einen noch viel gröberen Fluch aus.) »Der Wind! Ich habe nicht an den Wind gedacht.«

Tatsächlich kam von den Mauern Lodinas her eine lebhafte Brise und strich durch das Tal. Im selben Augenblick erkannte Santo, dass die Partie verloren war, und fühlte sich alt und verlassen.

»Verdammter Wind!«, zischte er.

Mit ausgebreiteten Armen stürzte er auf den Baum zu in der instinktiven Illusion, ihn vor dem Fall in die Schlucht bewahren zu können. Die Seile rissen und gaben dabei Staubwölkchen frei. Sie schossen herum wie wild gewordene Schlangen und schlugen sich um den Holzfäller. Die Keile, vom enormen Druck herausgepresst, flogen durch die Luft wie Kugeln. Der Waldriese schlingerte ein wenig, hielt einen Augenblick inne, als wolle er sich lustig machen, und stürzte dann wie in Zeitlupe unter schrecklichem Getöse in den Abgrund.

Man fand ihn erst am Tag danach, immer noch an den Baum gefesselt, in einem Gewirr von Seilen wie Kapitän Ahab, der an seinem weißen Wal hing.

Seit diesem Tag hört man jedes Jahr im November, in den Nächten des abnehmenden Mondes, tief unten im Val da Dìach die silberne Axt des Santo Corona, der bis in alle Ewigkeit mit seiner Buche kämpft.

Die Sprengung

Im Herbst ging es in den Wald zum Holzmachen. Man brauchte schließlich einen Vorrat an Brennmaterial, damit die Häuser warm blieben in den langen Bergwintern. Selbst heute, wo die nötige Wärme meist vom Heizöl kommt, heizen die Bergbewohner immer noch gerne mit Holz.

Vorzugsweise nimmt man Rotbuchen und Hainbuchen, aber auch alte Lärchen, vom Frost getötete Kirschbäume oder anderes Holz. Doch wird beim Schlagen von Brennholz nicht blind im Baumbestand gewütet, sondern man respektiert den Wald, wo immer es möglich ist. So werden beispielsweise nur alte und sichtlich kranke Bäume gefällt – denn auch Bäume werden krank und sterben wie wir – und krumm gewachsene, die von den wütenden Winden verkrüppelt wurden. Steht eine Gruppe von Bäumen zu dicht beieinander, dann wird bis auf zwei oder drei Stämme alles ausgeholzt, damit diese genügend Platz zum Wachsen haben. Greift man auf diese ebenso behutsame wie besonnene Weise in die Gesetze des Waldes ein, dann wächst er in strahlender Gesundheit heran und schenkt uns jedes Jahr genug Holz, um über den Winter zu kommen.

Die Bergbewohner aber, deren Gespür für die Gesetze der Natur ebenso fein ist wie ihr Schuhwerk grob, wussten von jeher, dass das Fällen eines Baumes auch eine Art der Verschwendung darstellt. Denn wenn der Stamm abgesägt war, so blieb doch ein mächtiger Teil des Baumes, der Wurzelstock, weiterhin in der Erde und konnte nicht genutzt werden. Und gerade dieser Strunk ist sehr wertvoll: Das Holz ist hart, fest und gibt ein gutes Feuer. Es wäre einer Sünde gleichgekommen, ihn an Ort und Stelle zu belassen. Das Problem war nur: Wie sollte man ihn der festen Umarmung der Natur entreißen? Der wahre Kern des Baumes sitzt nämlich ziemlich tief in der Erde. Der Wurzelstock in der Erde misst einige Meter im Durchmesser. Von ihm gehen die großen Wurzeln aus, die sich rundherum ausbreiten, um nach Nahrung zu suchen. Den Bergbewohnern, gewieft im Sparen und mit einem höchst praktischen Sinn für das Leben begabt, passte es naturgemäß nicht, dass die Erde diesen kostbaren Schatz für sich behielt. Also ersannen sie Mittel und Wege, um den Baumstumpf doch noch in Brennholz zu verwandeln. Sie gruben ihn aus und zogen ihn aus seinem erdigen Bett. Ein mühseliges und langwieriges Unterfangen, denn sobald die Erde gefroren war, wurde das Handhaben des Pickels zur Schwerstarbeit. Bei jedem Schlag prallte die Spitzhacke zornig zurück, und bösartige Splitter aus Eis und Erde spritzten übers Gesicht. Aus diesem Grunde grub man lieber im Frühjahr, wenn die Erde wieder taute.

Der Strunk verließ seine Mutter, die Erde, nicht, bevor nicht auch die letzte Wurzel gekappt war. Wenn er aus seinem Bett gerissen vor uns lag, musste man ihn zunächst einmal von Steinen säubern, damit sie später das Werkzeug nicht beschädigen konnten. Danach wurde das Ungeheuer mit seinen langen Tentakeln mit der Handsäge in einzelne Stücke zerlegt, die gerade groß genug waren, dass man sie auf den Schultern nach Hause tragen konnte. Die ganze Operation war hart und mühselig. Sie forderte eine

Menge Zeit und Anstrengung. Und wenn es Zeit auch im Übermaß gab, so war man doch bemüht, damals wie heute, die Anstrengung in Grenzen zu halten.

Wer schließlich auf die Idee zu dieser Gewaltaktion verfiel, bleibt bis heute ein Geheimnis. Diesem Unbekannten verdankte ich es, dass ich kaum die Hacke schwingen musste, um einen Baumstumpf auszugraben. Er hatte eine Methode ausgetüftelt, wie man den Wurzelstock mit Dynamit aus der Erde sprengen konnte. Als der Damm am Vajont gebaut wurde, war es leicht für die Dorfbewohner, die sich plötzlich in eifrige Arbeiter verwandelt hatten, da oder dort eine Kiste mit Sprengstoff verschwinden zu lassen. Ich glaube, damals hatte fast jede Familie Dynamit auf Lager, so wie man Maisgrieß für die Polenta in der Speisekammer hatte. Vielleicht war es einer der Dammarbeiter, der als erster Sprengstoff benutzte, um die hartnäckigen Strünke ohne größere Anstrengung der Erde zu entreißen.

Bevor ich dieses Beispiel von alpenländischer Findigkeit erzähle, deren elftes Gebot immer lautete: »Man muss sich nur zu helfen wissen!«, habe ich einen mir befreundeten Richter gefragt, ob diese Vorfälle nach 30 Jahren auch sicher verjährt seien. Da er mir dies bestätigte und ich also nicht mehr befürchten muss, einige ältere Herren aus meinem Dorf ins Zuchthaus wandern zu sehen, habe ich beschlossen, meine Erinnerungen festzuhalten.

Einige Tage vor dem »Sprengstoffanschlag« machten wir einen Inspektionsgang. Wir schritten die Stellen ab, wo die zu sprengenden Wurzelstöcke in der festen Umarmung der Erde schliefen. Wir wählten nur solche aus, die einigermaßen allein standen, damit die Explosion möglichst keine anderen Bäume beschädigte. Sobald wir wussten, welche der Baumstümpfe uns das meiste Holz bringen würden, kehrten wir nach Hause zurück, um alles Weitere vorzubereiten.

Mein Vater steckte die Menge Dynamit, die er für nötig hielt, in eine Tasche aus Segeltuch und hängte sich diese über die Schulter. Da er inzwischen als Sprengmeister am Staudamm gearbeitet hatte, wusste er genau, wie viel Sprengstoff man nehmen musste, um den Wurzelstock zu lösen. Manchmal genügte schon eine in mehrere Stücke geteilte Stange. Dazu kam noch eine Rolle Zündschnur. Die Zündkapseln, die auf keinen Fall vorzeitig mit dem Sprengstoff in Berührung kommen durften, schob er in die Innentasche seiner Jägerjoppe, um sie vor unvorhergesehenen Erschütterungen zu bewahren.

Ich durfte den Meißelbohrer tragen, den der Dorfschmied extra für uns gemacht hatte. Er hatte an einen gewöhnlichen Holzbohrer ein Stück angeschweißt, sodass er lang genug wurde, um besonders tiefe Löcher zu bohren. Ich kam mir sehr wichtig vor, weil ich bei diesem zerstörerischen Spiel mitmachen durfte. Auch wenn ich nur den Bohrer handhaben durfte, hielt ich mich doch für einen ziemlich verwegenen Burschen, verglichen mit meinen Altersgenossen.

Abwechselnd trieben wir also den Bohrer tief ins Fleisch des Strunkes hinein, sodass wir Stück für Stück bis in die Mitte vordrangen. Wir machten etwa drei bis fünf Löcher, die sich bis zu einem Meter tief in die Eingeweide des

Baumstumpfs fraßen. Dann schätzte mein Vater die Menge an Sprengstoff ab, die wir benötigen würden, und begann, die Dynamitstangen zu teilen. Ihr Inneres bestand aus einer geleeartigen Masse, die mich in Farbe und Konsistenz an Kirschmarmelade erinnerte.

Zuerst ermahnte mein Vater mich ein paar Mal, dass ich die Dämpfe nicht einatmen sollte, weil ich mir sonst starke Kopfschmerzen oder zumindest leichtes Nasenbluten zuziehen würde. Natürlich wollte ich nicht hören und alles selbst ausprobieren. Die Folgen ließen nicht auf sich warten.

Nun bereitete mein Vater die Zündkapseln vor. Er steckte die Zündschnur in die kleinen Röhrchen aus Aluminium, die so dick wie ein Kugelschreiber und etwa fünf Zentimeter lang waren. Dann bog er die winzigen Zähnchen vom Rand der Kapsel nach innen, um die Zündschnur festzuklemmen. Danach wurde das Ganze in die Paste im Inneren der Dynamitstangen gesteckt, die mein Vater mit einem Stöckchen in die Bohrlöcher im Strunk beförderte. Zum Schluss versiegelten wir die Löcher mit Ton oder feiner Erde, wobei wir wieder vorsichtig mit einem Stock hantierten. Die Länge der Zündschnur bemaß sich nach der Entfernung zwischen dem Baumstumpf und dem Ort, an dem wir sicher in Deckung gehen konnten. War er weit weg, so wurde die Zündschnur entsprechend lang gewählt, und umgekehrt.

Nachdem alle Ladungen miteinander verbunden waren, zog mein Vater sein *Opinel* heraus, ein französisches Taschenmesser, das heute beliebter ist denn je. Damit teilte er das Ende der Schnur der Länge nach, weil sie sich so leichter anzünden ließ. Gleichzeitig war das unser Signal, Feuer an die Lunte zu legen. Um jedoch zufällig Vorbeikommende nicht um Leib und Leben zu bringen, stieß er aus voller Brust seinen professionell in die Länge gezogenen Warnruf aus:

»La minaaaaaaa!«

Rührte sich daraufhin nichts, wartete er noch ein wenig und zündete dann die Lunte. Wie eine gereizte Schlange bäumte die Zündschnur sich auf, und das Feuer eilte, böse zischend, auf das Loch zu, um so schnell wie möglich ins Zentrum des Infernos zu gelangen. Es folgten Augenblicke des bangen Wartens, in denen man sich fragte, ob alles gut gehen würde. In diesen Momenten meldete sich mein Überlebensinstinkt mit Macht, und ich flog regelrecht der Stelle zu, wo wir Deckung suchen wollten. Mein Vater dagegen, der sich mit Sprengstoffen und allem, was dazugehörte, auskannte, ging gemächlichen Schrittes und drehte sich dabei erst einmal die unvermeidliche Zigarette (von der er bis heute nicht lassen kann, obwohl er bereits zwei Mal wegen Kehlkopfkrebs operiert werden musste). Mir war einfach unbegreiflich, woher er diese Ruhe nahm. Anfangs rief ich ihm noch ängstlich zu, er solle sich beeilen.

Er aber ging kein bisschen schneller. Langsam kam er auf mich zu, sicher lächelnd.

Ich beneidete ihn um seinen Mut, der eigentlich keiner war. Er war nur einfach ein erfahrener Sprengmeister, der sich seiner Sache völlig sicher war. Aber das wurde mir erst viel später klar. Mit der Zeit, als ich schon ein paar Explosionen und einige halsbrecherische Fluchten hinter mich gebracht hatte, fasste ich zur Kunst von Pietro Micca* mehr Vertrauen. Schritt für Schritt lernte ich, vor der brennenden Zündschnur nicht mehr wegzulaufen. Ich wollte die Angst besiegen und nicht Hals über Kopf davonstürzen, um mich in Sicherheit zu bringen. Daher versuchte ich, diesem Impuls so lange wie möglich zu widerstehen. Ich lieferte mir einen Kampf mit der Zeit, während die Zündschnur unaufhaltsam abbrannte. Doch an einem bestimmten Punkt hielt ich es nicht mehr aus und lief einfach drauf los. Mein Vater spottete über mich und machte sich lustig über meine Furcht. Manchmal hielt er mich gar an den Handgelenken fest, sodass ich nicht weglaufen konnte. Er hielt mich, bis ich anfing vor Angst zu schreien.

Die Erfahrung aber lehrte mich, die Rosse namens Angst und Schrecken zu reiten, und ich zögerte den Moment des Wegrennens mit jedem Mal ein wenig länger hinaus. Mein Vater bemerkte das und begann – natürlich immer innerhalb der von der Sicherheit gebotenen Grenzen – ein subtiles Spiel zu inszenieren, eine Art Wettlauf der Kaltblütigkeit, der mir helfen sollte, die Ruhe zu bewahren.

»Du darfst die Nerven nicht verlieren«, wiederholte er immer wieder, »nicht einmal, wenn du am Krepieren bist, verstanden?«

Es war nicht leicht, aber nach mehreren Detonationen, bei denen ich nicht panisch davongelaufen war, schaffte

* Pietro Micca war ein italienischer Kriegsheld aus den Spanischen Erbfolgekriegen, der 1705 den Franzosen den Zugang zur Zitadelle von Turin verwehrte, indem er einen Höhlengang, den diese bereits gegraben hatten, unter Einsatz seines Lebens in die Luft sprengte.

ich es sogar, erst nach ihm in Deckung zu gehen, auch wenn mir dabei immer ein wenig mulmig war. Am Ende war meist ich der Sieger in unserem Spiel, und wenn nicht, dann nur, weil er Zweifel in mir erweckte, ob die Zündschnur etwas taugte. Auf diese Weise gaukelte er mir eine nicht vorhandene Gefahr vor, die mich den Wettlauf verlieren ließ. Als ich das merkte, lernte ich selbst, die Qualität des Materials einzuschätzen, sodass er mich nicht mehr übers Ohr hauen konnte. Nun, da wir uns an Nervenstärke gleich waren, musste er früher ausreißen, wenn er nicht in die Luft fliegen wollte, denn er konnte nicht so schnell laufen wie ich. Einmal wollte ich ihm meine Überlegenheit beweisen und sagte, wenn er unbedingt wolle, würde ich mich nach dem Anzünden der Lunte auf den Wurzelstock setzen und auf die Explosion warten. Diese Großmäuligkeit nahm er mir übel und jagte mich mit Fußtritten davon. Vielleicht war er aber auch nur erschrocken, weil er dachte, ich würde es wirklich tun.

Sobald wir in Sicherheit waren, wartete ich zitternd vor Aufregung auf die Detonation, die mich jedes Mal wieder ins Mark traf. In den Minuten davor versuchte ich, mich geistig auf den Moment des Knalls einzustellen, aber es gelang mir nie. Die Explosion kam immer unerwartet und gewaltsam über mich, sodass mir fast das Herz stehen blieb.

Am Himmel bildete sich ein gewaltiger blauer Rauchring, während rundherum die Holzsplitter niederprasselten, weil der Strunk in Stücke gerissen worden war und die einzelnen Späne Hunderte von Metern in den Himmel flogen. Der Nachhall klang noch lange durchs Tal. Dort, wo vorher der Wurzelstock gewesen war, zeigte sich nun ein fast mannstiefer Krater. Die Holzsplitter lagen weit im Umkreis verstreut: Unter gewaltigem Getöse erblickten sie zum ersten Mal seit ihrer Entstehung das Licht der Welt. Sie erinnerten an Fetzen weißen Fleisches, ausgespien aus dem Schlund eines höllischen Ungeheuers.

Der Alte und ich legten das Holz erst einmal provisorisch auf einen Haufen. Wir Kinder durften es dann nach Hause tragen: Der Meister der Sprengkunst hatte sein Werk vollbracht und ließ sich nicht zu Weiterem herab. Wir sammelten die großen Späne ein, legten sie in unsere Kiepen, die wir eine um die andere nach Hause schleppten. Dort schnürten wir das Holz zu Bündeln und stapelten diese an der Südwand. Sobald sie getrocknet waren, brachten wir sie in den Holzschuppen und machten den Platz frei für die Opfer des nächsten Raubzugs. Dieses Holz gab exzellentes Brennmaterial, denn es bescherte uns mindestens doppelt so viel Wärme wie solches, das über der Erde gewachsen war.

Nach der Tragödie am Vajont verstummten die lauten Donnerschläge der Explosionen. Damals standen wir im Mittelpunkt der allgemeinen Aufmerksamkeit, daher waren weitere Detonationen wohl kaum angebracht. Einige Jahre lang waren wir auf die Hilfe des Zivilschutzes angewiesen, und als wir dann in unsere Dörfer zurückkehrten, gab es bereits Motorsägen. Damit aber ließ sich alles auf legalem Weg erledigen. Ich persönlich trauere der lauten

Methode nicht nach, aber ich muss gestehen, dass die Idee damals wirklich etwas Zündendes hatte. Manchmal, wenn mir nach ein wenig Masochismus ist, stellte ich mir vor, wie es aussehen würde, wenn man die Wurzelstöcke heute noch aus der Erde sprengen würde. Wie würden wir uns wohl fühlen, wenn die Stille des Tales an einem lauen Aprilnachmittag plötzlich von einer gewaltigen Explosion zerrissen würde? Vermutlich würde die DIGOS, eine Spezialeinheit der Polizei, anrücken, um festzustellen, was los ist. Und wir würden vor ihnen stehen, mit hängenden Armen, und ihnen in aller Unschuld berichten, wir hätten ja nur »Holz gemacht«. Vielleicht hätten sie dann ja Mitleid mit uns und würden uns zu Hilfe eilen wie damals, als der Notstand ausgerufen wurde …

Der Birnbaum und der Apfelbaum

Als es beschlossene Sache war, dass der Birnbaum und der Apfelbaum gefällt werden sollten, war ich ziemlich unglücklich. Tagelang versuchte ich, meinen Vater zu überzeugen, dass er sie stehen lassen musste. Er aber war unerbittlich. Während er auf den abnehmenden Mond wartete und schon mal die Axt schliff, wiederholte er immer und immer wieder, dass die Bäume vom Boden weg verdorrt und zu nichts mehr nütze seien.

Das war richtig. Die beiden Bäume neben unserem Hof waren schon vor Monaten abgestorben. Auch wenn die Wurzeln immer noch versuchten, Leben aus der Erde zu ziehen, so blieben die Zweige doch völlig nackt. Wurzeln sind wie Mütter. Sie versuchen bis zum letzten Atemzug, ihren Kindern zu helfen, wenn diese in Schwierigkeiten geraten sind. Aber auch diese mütterliche Hartnäckigkeit ließ die dürren Äste keine Frucht mehr tragen. Und in den Sommermonaten fehlte das grüne Laubdach, das unser Haus früher in kühlen Schatten getaucht hatte. Nur dem Apfelbaum gelang es noch, in den späten Frühlingstagen drei grüne Blättchen auf einen seiner vertrockneten Äste zu zaubern, doch fehlte auch hier schon der Lebensatem. Bereits nach wenigen Tagen fielen die Blätter wieder ab.

Die Bäume hatten begonnen, sich selbst aufzugeben, als die Ereignisse uns zwangen, den Hof zu verlassen. Nach dem Unglück am Vajont wurden die Überlebenden einfach auf die umliegenden Dörfer verteilt, was auch für sie ein bisschen wie Sterben war. Ohne die Kühe, die ihren Körper an der rauen Rinde rieben, ohne die Stimmen der Menschen, die bekannten Gesichter, ohne die Kinder, die in die Zweige kletterten, um ihre Früchte zu pflücken, entschieden der Apfel- und der Birnbaum, dass ihre Zeit nun abgelaufen war. Und schon zog die Melancholie ihr Schwert, um ihnen den Todesstoß zu versetzen.

Als wir nach über vier Jahren zurückkehrten, hatte der Krebs bereits Metastasen gebildet. Trotzdem schienen sie glücklich, uns wieder zu sehen. Sie bemerkten auch, dass einer von uns fehlte, und wurden ein wenig traurig. In den Tagen nach unserer Rückkehr hatte ich ein wenig das Gefühl, dass sie sich erholen würden, aber dies war nur ein flüchtiges Aufbäumen in ihrem letzten Frühling.

»Und außerdem sind sie schrecklich anzusehen«, sagte

mein Vater und legte den Tag fest, an dem sie gefällt werden sollten.

Offensichtlich geht mit dem Verfall der Werte auch ein Verfall der menschlichen Empfindungen einher, denn wie sonst sollte man sich erklären, dass man alte Menschen in ihren letzten Lebenstagen in die Trostlosigkeit von Altersheimen abschiebt. Und warum glauben wir, ein toter Baum sei nicht schön? Nicht mehr nützlich? Mag das Alter auch den menschlichen Körper zerstören, bei den Bäumen ist das anders: Ein vertrockneter Stamm, dessen Skelett sich dem Wind entgegenstellt, dessen Zweige ihre Krallen in die Luft strecken, ist eine beunruhigend schöne Skulptur. Zumindest dient er immer noch den Vögeln als Ruheplatz. Und trotzdem werden tote Bäume in Höfen, Obst- und Gemüsegärten einfach gefällt. Vielleicht gibt es ja irgendwo ein Gesetz, dass Bäume, die keine Frucht mehr tragen, weichen müssen.

Im Wald aber gelten andere Regeln. Dort nimmt sich die Zeit der Bäume und aller anderen Pflanzen an. Ganz allmählich werden sie unter ihrer Hand zu Staub, Stück für Stück. So achtet sie ihre Würde.

»Wir pflanzen einfach zwei andere«, meinte mein Vater in der festen Überzeugung, dass man tote Freunde durch andere, neue ersetzen konnte.

Für mich waren der Apfel- und der Birnbaum zwei gute, liebe Kameraden. Wenn man Freundschaft schließt, so geschieht dies meist aus einem Gefühl anfänglicher Sympathie heraus. Erst später wächst dieses Gefühl und nährt sich vom Brot des Lebens. Und richtig stark wird es, wenn man Freude, Kummer, Angst, Hass, Liebe oder andere Gefühle miteinander geteilt hat. Schade nur, dass die Freundschaft zu unseresgleichen meist so kurz ist. Ein dauerhaftes Verständnis habe ich nur in der Natur gefunden, denn die Natur verzeiht immer, und die zerstörerischen Regungen in der Seele des Menschen entlocken ihr bloß ein Lächeln.

Diese beiden Bäume im Hof, die nun von der Logik des Menschen bedroht waren, hatten mich in der entscheidenden Zeit von der Kindheit zum Erwachsenwerden begleitet. Für mich waren sie nicht tot. Sie waren vielleicht nackt und krank, aber nicht tot. Und sie sprachen immer noch zu mir, mit einer geheimnisvollen und süßen Stimme, deren Sprache der Menge fremd ist.

In dem Monat, der die Osterfeiertage im Herzen trägt, entschied mein Vater, dass es nun an der Zeit sei. Alle Bäume rundherum hatten zu blühen begonnen, nur die beiden Unglücklichen zeigten sich noch immer nackt: wie Landstreicher inmitten einer Menge festlich gekleideter Herren und Damen. In ruhigen, geordneten sozialen Organismen sticht der »Andere« sofort ins Auge, weil er das ästhetische Empfinden jener stört, die eifrig über den ordnungsgemäßen Lauf der Dinge wachen. Sogleich versucht man, ihn an den Rand zu drängen, zu isolieren und zu entfernen wie lästige Unebenheiten in der spiegelglatten Welt der Arrivierten. Und so maßt der Mensch, dieses schrecklich bösartige, denkende Wesen, sich das Recht an, über Leben und Tod der Schöpfung zu entscheiden.

Der erste Axthieb galt dem Apfelbaum. Es war Karfreitag, einer jener magischen Frühlingstage, an denen alles zum Leben zu erwachen scheint, die ewige Stimme der Mutlosigkeit schweigt und wir plötzlich sicher sind, dass es sich lohnt zu leben. Die Axt, von kundiger Hand geführt, drang entschlossen in die leblosen Körper der Bäume ein.

Mein Vater bat mich, ihm zu helfen, aber ich weigerte mich. Ich war erwachsen und hatte keine Angst mehr vor ihm. Ich wollte nur das tun, was ich für richtig hielt.

Beim Fallen brachen die zerbrechlichen, verdorrten Glieder des Baumes in Stücke und entließen dabei die Erinnerungen, die sich in ihnen abgelagert hatten, in die Freiheit. Ich hing besonders an dem Apfelbaum, denn als Kind war ich oft mit ihm buchstäblich »verknüpft« gewesen: Er hatte als mein persönlicher Marterpfahl gedient. Mit dem Birnbaum hingegen war mein Bruder besonders eng »verbunden«.

Als Kinder waren wir reichlich ungebärdig gewesen. Außerdem hatte das Schicksal uns einen Vater gegeben, der fest an strenge Disziplinarmaßnahmen glaubte. Jeder unserer Streiche trug uns daher eine gehörige Dosis Rizinusöl ein, und während wir den Geschmack des Abführmittels noch im Mund hatten, band uns mein Vater an den Baum. Den einen an den Birnbaum, den anderen an den Apfelbaum – die Hände hinter dem Rücken verschränkt. Ich kann mich noch gut an die fürchterliche Flasche erinnern: eine flache Medizinflasche mit einem überstehenden Rand. Sie fasste genau zwei Unzen der grässlichen Flüssigkeit, und die Ekel erregende Öligkeit ist mir noch gut in Erinnerung. Man konnte das scheußliche Zeug nämlich nicht auf einmal hinunterschlucken. Das Schicksal trieb seinen Spott mit uns, denn das Zeug floss mit so quälender Langsamkeit aus der Flasche, dass zur Qual der Bestrafung noch das grausame Gefühl der Verhöhnung kam.

Ich glaube, mein Bruder und ich gehörten zu den letzten Menschen in Italien, die mit Gewalt zum Verzehr von Rizinusöl gezwungen wurden. Wie lange wir an den Baum gefesselt blieben, hing ganz davon ab, wie groß der Schaden war, den wir angerichtet hatten. Die Dosis Rizinusöl hingegen blieb immer gleich. Es gab schwer wiegende Missetaten, zum Beispiel wenn wir vergessen hatten, die Kühe zu melken. Diese wurden mit fünf bis sechs Stunden »Baumhaft« bestraft. Hoch oben auf dem Glockenturm, der etwa zehn Meter von unserem Haus entfernt lag, maß die Uhr der Brüder Solari die Stunden der Strafe ab. Manchmal erklangen hinter uns unerwartet die Stimmen der Kinder, die zur Schule gingen. Dann senkte mein Bruder den Kopf, bis die Kleinen weg waren, da er sich seiner misslichen Lage schämte. Einige aber nützten unsere Wehrlosigkeit aus, um uns zu verspotten oder gar mit Steinen zu bewerfen. Kinder, angeblich der Inbegriff der Unschuld, sind manchmal unmenschlicher Grausamkeiten fähig. In unserem Fall trugen ihnen diese allerdings nur die Gewissheit ein, dass sie teuer bezahlen würden, sobald wir wieder losgebunden wären.

Eines Tages trat eine freundliche Alte namens Angelika zu uns, die nebenan wohnte. Sie trug eine Schere in der Hand und war fest entschlossen, uns loszuschneiden. Mein Vater aber vertrat ihr wutschnaubend den Weg und brüllte sie dermaßen an, dass sie sich erschrocken zurückzog. Bevor sie die Tür ihres Hauses schloss, schleuderte sie ihm noch ein vernichtendes »Du solltest dich was schämen!« entgegen, das ihn fast zur Salzsäule erstarren ließ.

Doch wir hatten auch glückliche Momente in den Armen dieser Bäume verbracht. Im Sommer trugen sie immer reichlich Früchte. Sobald sie genießbar schienen, sprangen wir mit einem Satz hinauf, kletterten in die Zweige und pflückten die Birnen und Äpfel, die zwar winzig, aber dafür von erlesenem Geschmack waren. Wir erkannten das reife Obst auf den ersten Blick und wiederholten unsere Raubzüge alle zwei bis drei Tage, sodass uns nicht eine der Früchte entging.

An dieser Rinde habe ich mir als Junge die Oberschenkel zerschrammt, als ich meine ersten Kletterversuche machte.

Wir waren immer auf den Bäumen – im Sommer, im Herbst und im Winter. Es machte uns einfach Vergnügen, so hoch oben zu sein, gleichsam in der Luft zu schweben. Nur im Frühling, wenn der Baum austrieb, durften wir nicht hinauf, um die kommende Ernte nicht zu gefährden.

Ich bin sicher, dass jeder Gipfelstürmer seine Karriere unbewusst bereits als Kind begonnen hat, indem er auf Bäume kletterte. Und dort brachte ich mich auch in Sicherheit, als einer der alten Männer des Dorfes mich mit seinem Zorn – und mit gezückter Hippe – verfolgte, weil ich ihm mit einem gezielten Wurf die Pfeife aus dem zahnlosen Mund geschossen hatte.

Im Birnbaum baute ein Distelfink Jahr für Jahr sein Nest. Als aber die Blätter ausblieben, kam auch der Vogel nicht wieder.

Eines Tages vertraute ich zu sehr auf die Tragfähigkeit eines Astes, doch die Birne, die am anderen Ende hing, leuchtete gar zu einladend. Ich kroch immer weiter vor, weiter als mir selbst bewusst war. Meine Finger berührten die Frucht bereits. Damals glaubte ich noch daran, dass das Glück mein ständiger Begleiter sei: An diesem Tag musste ich jedoch einsehen, dass dem nicht so war. Aber zumindest konnte ich den alten Menschheitstraum vom Fliegen praktisch erproben. Unsanft landete ich auf der Straße nach San Rocco und verstauchte mir böse beide Knöchel. Man trug mich ins Haus und bettete mich auf die Kaminbank. Mein Vater fragte erst gar nicht, ob mir etwas wehtäte. Stattdessen verabreichte er mir eine schallende Dosis Ohrfeigen, weil ich den Ast abgebrochen hatte.

All diese Erinnerungen füllten zusammen mit den Zweigen den Hof, als an jenem Karfreitag der Apfel- und der Birnbaum, die mich durch gute und schlechte Tage begleitet hatten, gefällt wurden. Ausgebreitet lagen sie nun da, kreuz und quer über die nährende Erde verteilt. Für mich aber waren sie Heim, Gipfel, Speise, Flug, Himmel, Spiel, Frische, Mühsal, Freude, Schmerz, Liebe, Regen und Wind gewesen. In einem Baum wohnt die ganze Welt.

Inzwischen erklangen die Abendglocken und riefen zur Andacht des Lebendigen Kreuzes. Unser Dorf pflegt seit Jahrhunderten diesen Brauch, der an den Tod Christi erinnert. Am Abend wird ein Mensch auf zwei über Kreuz gelegte Äste gebunden und den Kreuzweg entlang getragen. An diesem Tag waren es die Äste eines Apfel- und eines Birnbaums.

Die *tira-taie*

Seit Anbeginn der Welt sind Jahrtausende vergangen, Jahrtausende, in denen die technologische Entwicklung immer größere Fortschritte gemacht hat. Der Mensch hat ein unglaubliches Maß an Intelligenz aufgewendet, um Vorrichtungen und Maschinen zu konstruieren, die ihm die Arbeit erleichtern. Seit der Erfindung des Rades folgt eine neue technische Errungenschaft auf die andere, und alle dienen nur einem Zweck: dem Menschen jede körperliche Anstrengung abzunehmen, was sein höchstes Ziel zu sein scheint. Ein Ende ist bisher nicht abzusehen, ganz im Gegenteil: Wissenschaftler und Techniker gehen immer weiter auf ihrer Suche nach ausgefeilten Apparaturen, die uns noch die kleinsten Mühen ersparen sollen.

An dieser Stelle ließen sich eine Unmenge von Beispielen aufzählen, aber das wäre langweilig, weil jeder sie bereits kennt. Einen Extremfall möchte ich aber trotzdem erwähnen, weil er mich ziemlich beschäftigt hat. Das Fernsehen berichtete über das supermoderne Haus irgendeines gerade aktuellen amerikanischen Millionärs. In diesem Haus wurde der Bewohner morgens von Robotern aus dem Bett gehoben, gewaschen, gefüttert, angekleidet und vor den Fernseher gesetzt. Die Maschinen versorgten ihn wie ein kleines Kind und abends brachten sie ihn wieder ins Bett, ohne dass er auch nur einen Finger zu rühren brauchte.

Sollte der Ärmste Single sein und sich vor Sehnsucht nach einer Partnerin verzehren, so genügte es, wenn man – in diesem Fall der Roboter – einen Knopf drückte, und schon kam aus der Wand wie durch ein Wunder eine strahlende Plastikblondine. Ob sich der also Beglückte beim anschließenden trauten Zusammensein noch selbst bewegen musste oder ob es für dieses Auf und Ab auch einen Mechanismus gab, blieb allerdings offen.

O Wunder des Fortschritts! Doch verstehen wir uns recht: Ich habe nichts gegen den Fortschritt. Ganz im Gegenteil – auch ich hätte gerne so ein Haus. Doch ich befürchte, dass ich es in kürzester Zeit auseinander genommen hätte, ich muss nämlich immer alles ganz genau wissen. Zuallererst würde ich mal die Plastikdame gegen eine aus Fleisch und Blut austauschen. Und schon damit hätte ich den schlagenden Beweis geliefert, dass ich von Ruhe und Fortschritt überhaupt nichts verstehe.

Doch wenn wir so weitermachen und immer noch mehr Bequemlichkeiten erfinden, damit wir uns nicht bewegen müssen, werden in ein paar Jahrhunderten unsere Arme und Beine für uns keinen Nutzen mehr haben. Am Ende werden sie verkümmern und verschwinden, vom Rumpf quasi aufgesaugt.

Dann wird auf der Erde eine neue Art Mensch leben, ohne Gliedmaßen, aber dafür ausgestattet mit einem überdimensionalen kugelförmigen Kopf. Um sich fortbewegen zu können, werden diese Wesen ihren Kopf wie eine Bowlingkugel benutzen, mit der sie ihres Weges rollen, während ihre Ideen und Gedanken zu einem fürchterlichen Durcheinander verwirbelt werden.

Und wenn sie am Ziel angekommen sind, dann werden unsere Kopfmenschen so verwirrt sein, dass sie glatt vergessen haben, was sie dort eigentlich wollten.

Scherz beiseite. Die Welt stürzt sich seit Jahrhunderten in einen endlosen technologischen Strudel und will davon auch gar nicht mehr weg. Doch nicht alles versinkt in dessen gewaltigem Sog. Es gibt ein paar Nebenflüsse, die zäh und beharrlich ihren eigenen Lauf nehmen. Diese Flüsschen werden von Menschen gespeist, die zwar dem Fortschritt nicht entgegenstehen, die aber trotzdem versuchen, so weit wie möglich ohne technische Hilfsmittel auszukommen. Diese Sorte ist dickköpfig, und sie findet sich in fast jedem Berufszweig. Einige von ihnen kenne ich persönlich: Sie strengen sich gerne an, wie die Erdarbeiter in den Erzählungen Platonows, fällen Bäume mit der Axt (da Motorsägen ja mittlerweile lieber Hauptrollen in Horrorfilmen spielen), schreiben ihre Texte mit der Hand, gehen zu Fuß und die Männer lieben ganz normale Frauen. Aber es gibt einen Berufsstand, der in puncto Willensstärke, Dickköpfigkeit, Geduld und Arbeitseinsatz alle anderen übertrifft: Die Holzarbeiter, im Dialekt *tirataie* genannt, welche die Stämme ins Tal ziehen, haben einen fast künstlerischen Sinn für schweißtreibende Arbeit. Sie arbeiten wirklich wie die Pferde: Ihr Handwerkszeug besteht aus nichts weiter als einer Axt und einem Haken mit einem Ring, den sie in das Ende des Stammes schlagen. So ziehen sie ihn, einmal gefällt, ins Tal.

Baumstämme auf diese Weise ins Tal zu schaffen ist höllisch gefährlich. Es ist so, als lebte man ständig mit Blick auf die Zukunft, eine Kunst, die nicht jedem gefällt. Man muss schon von klein auf ans Leiden gewöhnt sein. Der Baum ist lebendig und guten Willens, wenn er dir dergestalt auf dem Fuß folgt, doch er kann einfach nicht jedem

Hindernis aus dem Weg gehen, und wenn er sich nicht mehr bewegt, muss man ihn ziehen. Manchmal läuft alles glatt, und der Stamm rutscht hinunter, ohne sich auch nur einmal zu verfangen. Meistens aber bleibt er hängen. Dann bohrt er die Nase in die Erde, bleibt stecken und macht mit einem heftigen Ruck deinen Willen zunichte.

Der *tira-taie* ist nämlich mit seinem Baum durch ein Zugseil verbunden, das ihm jede Bewegung des Baumes verrät, sodass er über dessen Reaktionen immer Bescheid weiß. Aber um die Botschaften des Holzes so zu verstehen, dass man das Hindernis und den darauffolgenden zornigen Ruck vermeiden kann, ist ein ungeheures Feingefühl nötig. Immer wieder kommt es vor, dass der Stamm an irgendetwas hängen bleibt. Wehe dir, wenn du nun anfängst, wie ein Verrückter zu ziehen, denn sobald der Stamm sich löst, wird er seinen unvorsichtigen Seilsklaven mit einem Ruck in den Staub schleudern, von der Gefahr, einfach überrollt zu werden, gar nicht zu sprechen. Ist das Seil zu kurz, haben Fersen und Knöchel des Ziehenden bald keine Haut mehr. Ist es dagegen zu lang, überträgt es die Kraft nicht ausreichend und der angeseilte Baum bewegt sich keinen Millimeter.

Um einen Stamm ins Tal zu ziehen, muss man sich nämlich – wie im Leben auch – die Energie richtig einteilen. Man muss Kraft einsetzen und dann wieder loslassen können, alles zur richtigen Zeit. Allmählich hat dieses ermüdende und anstrengende Geduldsspiel den Blick der Waldbewohner geprägt. Ihren Gesichtern ist der Ausdruck der Ungeduld fremd. Sie sind niemals in Eile oder wollen schnell »etwas erledigen«. Stattdessen liest man auf ihren

Mienen eine ruhige Schicksalsergebenheit, die von grenzenloser Beharrlichkeit getragen ist.

Einem *tira-taie* bei der Arbeit zuzuschauen ruft im unkundigen Betrachter häufig ein Gefühl der Angst hervor. Man hat den Eindruck, einen Pyramidensklaven vor sich zu sehen. Dass es zu Beginn eines neuen Jahrtausends immer noch diese Art von menschlichem Arbeitspferd geben soll, scheint unglaublich. Man brauchte ja nur eine Motorsäge einzusetzen, einen Traktor, eine Seilbahn oder ähnliche Teufeleien.

Aber gerade darin besteht wohl der Sinn ihres rückwärts gewandten Marsches. Lachse müssen, um zu überleben, flussaufwärts schwimmen und dabei schwierige Stromschnellen überwinden. Und um einen ordentlichen Sprung hinzulegen, muss auch der Weitspringer ein paar Schritte zurückgehen und Anlauf nehmen. Der *tira-taie* geht rückwärts, um nicht zu vergessen, dass er sein Leben in der Hand hält. Er ahnt, dass der Baum sehr viel stärker ist als er, und trotzdem will er ihn mit redlichen Mitteln heimbringen. Erst dann spürt er seinen Wert, fühlt sich lebendig und stark. Erst dann weiß er, dass er noch nicht alt ist und ständig fragt, wie wohl alles enden wird. Nur so kann er akzeptieren, dass der Saft der Jahre ihm durch die Finger rinnt.

Und wenn das Seil ihm in die Schultern schneidet, macht ihm das nicht allzu viel aus. Zeit und Erfahrung haben mich viel von den Menschen lernen lassen, welche die gefällten Stämme ins Tal bringen. Dabei versuche ich, ihre Philosophie auf meinen Alltag anzuwenden, um selbst ein *tira-taie* zu werden. Vor vielen Jahren sagte mir einmal einer dieser Helden des Unnützen, der viel gelesen hatte und Geschichten hasste, in denen es um Kartoffeln ging, in einer Anspielung auf eine der Erzählungen von Borges:

»Weißt du, wir sind wie der Vogel aus der Sage, den die kanadischen Holzfäller so lieben. Er fliegt rückwärts, weil ihn nicht interessiert, wo er hinfliegt, sondern wo er herkommt.«

Die Blätter

Der Herbst kehrt zurück, und die Bäume lassen ihre Blätter fallen: müde, erschöpft und überreizt von den Umarmungen seltsamer Frühlingswinde und trockener Sommer. Geduldig haben sie Gewitter, Stürme und unvermutet aufbrausende Winde ertragen. Die Julisonne hat ihr Laub poliert und mit einem warmen grünen Schimmer wie von alter Bronze überzogen. Nun wollen sie ruhen, nachdenken und sich dem tiefen Schlaf des Winters überlassen.

Diese Zeit der Vorbereitung müssen sie alleine durchstehen, so lassen sie ihr Laub zur Erde fallen. Bevor sie aber ihre Blätter den herbstlichen Winden überlassen, kleiden sie sie noch in prächtige Gewänder aus tausend warmen, lodernden Farben. Es ist das letzte Geschenk der Eltern an die Kinder, bevor sie in alle Winde verstreut werden, jedes auf seiner eigenen Bahn. Doch erbt jedes Blatt bei seiner Geburt die Besonderheiten des väterlichen Baumes, und an der Art seines Fallens erkennt man das Wesen seiner Familie, wenn der Herbsttod sich nähert.

Will man mehr über sie wissen, geht man am besten im November in den Wald, setzt sich und lauscht. Und schon bald wird man neugierig die Ohren spitzen.

Die einsame, melancholische Lärche, die Königin der Steilhänge, lässt still ihre Nadeln fallen, wenn eine noch so vorsichtige Hand, eine noch so sanfte Brise sie berührt. Die Nadeln aber fliegen nicht weg, sondern lassen sich mit dem feinen Rauschen eines milden Regenschauers zu Füßen des Baumes nieder. Sie zeigen sich dankbar ihrer Erzeugerin gegenüber und möchten in ihrer Nähe sterben.

Dann ist da noch der hochmütige Ahorn – gerade, glatt, weiß und schön. Seine Blätter wollen – wie der Vater – bemerkt werden, wenn sie fallen. In der Stille des Waldes werden also plötzlich Geräusche hörbar, als würden schwere Pergamentpapiere zu Boden schweben. Gleich möchten die Blätter weiterreisen, um sich auch anderswo zu zeigen, aber die jungen Winde würdigen sie keines Atemzugs. Nur manchmal fährt ein mürrischer, alter Windstoß hinein und wirbelt sie auf, um sich nicht nutzlos zu fühlen.

Die harte, verdrehte, knochige, holzige Hainbuche ist ein schüchternes, trauriges Wesen. Sie schämt sich, weil ihr Wuchs so gar nichts Graziöses hat, und bleibt daher gerne allein in unwegsamem Gelände, wohin ihr niemand folgen kann. Ihre Blätter sterben lautlos; still fallen sie herab, auch nachts. Wenn sie auf die Erde fallen, verstecken sie sich zwischen den Steinen, die ihrer Mutter das kärgliche Leben schenken.

Die Rotbuche ist ein Baum, der sein Laub verliert, wie er

lebt – sorglos und unbekümmert, der ewig gut gelaunte Tollkopf, dem nie etwas missglückt und der niemals die Haltung verliert. Lachend schickt er seine Blätter weg, in ganzen Schwärmen verlassen sie ihn, leicht und lärmend, flugbereit in ihren kastanienbraunen Gewändern. Überall breiten sie sich aus und scheinen keinerlei Sehnsucht nach der Heimat zu haben. Sie spielen mit dem Wind, den sie am liebsten schelmisch und ein wenig heftig mögen, damit er sie Gott weiß wohin trägt. Die Blätter der Buche spotten über den Tod und bleiben zusammen, sobald sie sich vom Baum lösen. Schläft Äolus einmal in den Grotten von Bozzìa, findet man an den merkwürdigsten Orten enorme Haufen von Buchenblättern, die nur darauf warten, dass er wieder erwacht.

Die schöne, elegante Esche hat Klasse. Sie schätzt die Monotonie gewöhnlicher Orte nicht und hasst die gerade Linie. Sie wächst hoch und kurvig, sodass man manchmal in ihrem Stamm sogar menschliche Formen erkennen kann. Von ihren Blättern trennt sie sich nicht, bevor sie ihnen beigebracht hat zu tanzen. Und wenn die Töchter ihre Mutter verlassen, so tun sie es voller Grazie und ohne Tränen. Sich drehend und wendend pirouettieren sie von ihr fort wie begabte Ballerinen. Sie bleiben erst gar nicht am Fuße des Baumes liegen, sondern reisen gleich weiter und tänzeln unentwegt ihrem Schicksal entgegen.

Sollte eine von ihnen sich zufällig neben dich setzen, wenn du im Wald bist, dann beobachte sie genau: Ein Schleier von Melancholie liegt über ihrem pergamentdünnen Gesicht.

Aber es gibt auch egoistische, zynische und besitzergreifende Bäume. Solche, die nicht alt werden können und – wie manche Eltern – darauf bestehen, dass ihre Kinder die klügsten und schönsten sind. Sie beherrschen ihre Kinder und bewachen sie wie die Hennen. So ein Baum ist die Stechpalme. Immer sauber, immer perfekt, immer ordentlich lebt sie von dem Kontrast zwischen den blutroten Beeren und den immergrünen Blättern. Die Mutter behält sie immer bei sich und zeigt ihre schöne Nachkommenschaft stolz vor. Doch die Blätter tragen in sich die Wut und den Zorn der Gefesselten, die niemals auf andere Blätter treffen und sich mit ihnen vergleichen können. Sie werden sauertöpfisch und streitlustig wie alte Jungfern; ihr Körper hat etwas Feindseliges; er ist von nervösem Zuschnitt und sein äußerer Rand begrüßt Mensch und Tier mit Stacheln. Dabei zeigt ihr Gesicht nicht etwa Trauer oder Melancholie, sondern einzig Hass und Neid auf die glücklicheren Schwestern, die im Sterben davonfliegen dürfen.

Auch die Blätter der Pappel gehören zur großen Sippe der Pechvögel. Ihr Vater ist ein armer Schlucker: Er ist zu nichts nütze. Alle meiden ihn. Er taugt nicht einmal zu Brennholz. Freilich tröstet er sich damit, dass aus seinen Fasern das Papier gemacht wird, aus dem die Bücher sind. Doch tief drinnen weiß er nur zu gut, dass dies ein schwacher Trost ist. Die Pappelblätter sind fast schon tot, wenn sie fallen. Etwas treibt sie zum Sterben, schon wenn sie noch am Baum hängen. Sie fallen schnell, denn die Luft trägt sie nicht mehr. Sie haben große Löcher im Leib, Löcher, die ihnen ein unglückliches Leben beschert hat. Bald werden sie zu Humus, farblos schon während ihres traurigen Falles.

Der Alpengoldregen ist ein stolzer Baum, edel und hart. Er ist nicht hochmütig wie der Walnussbaum oder die Eibe, aber ein klein wenig reserviert bleibt er trotzdem: ein aufmerksamer, doch schicksalsgläubiger Vater, der seine Blätter entschlossen dem Herbstwind überlässt, ohne zurückzublicken. Sie schweben zu dritt der Erde entgegen, sich an den Händen haltend wie brave Schwestern. Und so bleiben sie lange: ineinander verhakt, bis der erste Frost sie trennt. Bis dahin aber hat der Goldregen schon seinen Winterschlaf begonnen.

Der Walnussbaum ist der unsympathischste von allen – arrogant, hochnäsig prahlt er vor den anderen Bäumen. In meinem Handwerk habe ich häufig mit ihm zu tun. Eines Tages habe ich ihn gefragt, woher er seine Überheblichkeit eigentlich nimmt.

»Es ist alles eure Schuld«, antwortete er mir. »Ihr habt mir diese Macht gegeben und mir Eigenschaften zugeschrieben, die ich vielleicht gar nicht besitze. So wie ihr es im Übrigen mit vielen anderen unnützen Dingen tut. Immer wieder macht ihr völlig nutzlose Dinge unverzichtbar, weil ihr ihnen einen zu hohen Wert verleiht. So macht ihr euer Leben kompliziert. Ihr wollt Möbel aus Walnussholz, Dielen aus Walnussholz, Armaturen im Auto aus Walnussholz. Sogar eure Särge müssen noch aus Walnussholz sein. Eure Dummheit, eure Ignoranz ist es, die mich mächtig gemacht hat. Und nun sollt ihr die Konsequenzen tragen.«

Ich sagte lieber nichts mehr.

Die Blätter des Walnussbaums lösen sich geräuschvoll,

laut, mit einem verächtlichen Rascheln. Sogar im Sterben müssen sie sich in den Vordergrund drängen. Sie fallen immer gemeinsam, neun Schwestern an einem Zweig, so als verlangten sie nach Aufmerksamkeit:

»Alles aufgepasst! Wir gehen zu Grunde, aber wir sind Walnussblätter!«

Aber sie sterben tapfer, getröstet von der Vorstellung, dass früher oder später alles sterben muss. Eines dieser Blätter erriet eines Abends, als über den Tod gesprochen wurde, meine tief sitzende Furcht und seufzte:

»Sei nicht traurig. Auch der Tod selbst muss gehen, denn wenn wir verlöschen, dann stirbt der Tod mit uns.«

Walnussblätter sind nach ihrem Absterben nicht einmal für landwirtschaftliche Arbeiten brauchbar. Das liegt an einer alten Geschichte.

Vor langer Zeit stritt sich einmal der oberste aller Walnussbäume mit einer Kuh, die ihre Hörner an seiner Rinde rieb. Der Streit wurde heftig. Schimpfworte flogen hin und her, denn auch die Kuh wollte nicht klein beigeben. Da beschloss der beleidigte Nussbaum, dass seine Blätter nicht einmal mehr als Bett für das Vieh zu gebrauchen sein sollten. Seit diesem Tag geben die Kühe keine Milch mehr, wenn ein unwissender Bauer es wagt, das Laub des Walnussbaums zusammenzuscharren und ihnen unterzulegen.

Natürlich ist es hier nicht möglich, den letzten Gang aller Blätter auf Erden zu erzählen – dazu fehlt es mir sowohl an Platz als auch am nötigen Wissen. Aber die Beobachtungen, die ich gemacht habe, haben mich zum Nachdenken gebracht. Mir fiel auf, dass es – wie immer in der

Natur – auch hier Glückliche und weniger Glückliche gibt. Es gibt Hässliche, Mächtige, Unglückselige, Nette, Bösartige und so weiter. Auch im Pflanzenreich sterben die einen still und leise, die anderen mit Pauken und Trompeten – wie bei den Menschen und bei allem, was Leben in sich hat. Aber ich weiß auch aus Erfahrung, dass ich, wenn ich diesen Winter in den Wald gehe, von all diesen Blättern keine Spur mehr finde. Farben, Düfte, Rascheln, Stille haben sich in eine gleichförmige, farblose Decke verwandelt. Und dann kommt der erste Schnee und deckt mit seinem weißen Flor gnädig die unzähligen Toten zu, die vorher so verschieden waren und die der Tod alle gleich macht.

TIERE

Der Kuckuck

Der alte Freund ist wieder da. Der, den du jedes Jahr voller Ungeduld erwartest, ist zurückgekehrt. Plötzlich hat er sich wieder gemeldet und – wie immer – im Wald zu rufen begonnen.

Der erste Kuckuck ist immer pünktlich. Natürlich gibt es Hunderte von ihnen in den Wäldern, trotzdem hat man den Eindruck, als würde immer nur einer rufen. Ob es regnet, schneit oder gar der Wind von den felsigen Höhen ins Tal weht, der Kuckuck hält sich an seinen Termin. Eines Morgens im April stehst du auf, gehst vors Haus, um Holz für das Feuer zu holen, und plötzlich ist er da. Sein Ruf öffnet das Herz für die Freude. Kuckuck, Kuckuck. Er verkündet den neuen Frühling, die keimenden Triebe, die Nester, die strahlende Sonne, die Bienen, die balzenden Birkhähne, das wiederauferstehende Leben.

Der Anfang des Jahres fällt nämlich nicht auf den ersten Januar, sondern auf einen Tag im April. Auch der Bach fängt um diese Zeit wieder an zu singen, schüttelt sich die letzten glasigen Splitter vom Rücken und fließt frei vom Wintereis, das ihn zum Verstummen gebracht hat, dahin.

Eines Tages befand ich mich auf dem Sant-Osvaldo-Pass, zwischen den Dörfern Erto und Cimolais. Ich wollte den Lodina besteigen. Mit mir ging ein etwa fünfzigjähriger Freund aus Mailand, ein Ingenieur, der mich als Künstler und als Bergführer gleichermaßen schätzte. Die erwachende Sonne rüttelte am Monte Cornetto. Sie versuchte dem Grat, der sie noch verbarg, zu entkommen. Und der Kuckuck rief viele Male. Er rief mit melancholischer, ein wenig trauriger Stimme, einer Stimme, die so nah wirkte, deren Verklingen in der Ferne aber unwiderruflich an Abschied denken ließ. Einer Stimme, die uns voller Süße zu mahnen schien, unsere Zeit nicht zu vergeuden, denn der Frühling ist kurz.

Der Ingenieur hörte sie nicht. Ich musste erst seine Aufmerksamkeit auf das Rufen des Kuckucks lenken. Und dann hörte er nicht etwa zu, nein, er verlor sich in einer gelehrten, langatmigen Darstellung des Kuckucks und seiner Gewohnheiten. Er erinnerte mich ein wenig an den Eifer, mit dem manche Alpinisten, die den Aufstieg zum Gipfel erklären wollen, zuerst einmal die geologischen Besonderheiten erläutern, und zwar ebenso trocken wie langweilig. Hätte ich ihn nicht gebremst, so hätte er mir vermutlich auch noch die Anzahl der Federn des armen Vogels mitgeteilt. Trotzdem musste ich mir noch anhören, dass der Kuckuck ein Schmarotzer ist.

All das interessierte mich nicht im Geringsten; mir machte es Spaß, dem Kuckuck zuzuhören und damit Schluss. Am Ende des Ausflugs lud der Ingenieur seinen frechen Bergführer nicht einmal mehr zu einem Bier ein. Und so einer redet von Schmarotzern!

Die Exkursion war entschieden anders verlaufen, als ich mir das vorgestellt hatte.

Der Kuckuck gilt als Lump, weil er seine Eier in die Nester anderer Vögel legt und dann verschwindet. Aber das ist schließlich nicht seine Schuld: Er wurde vom großen kosmischen Baumeister so geschaffen. Und wenn er so geschaffen wurde, dann hat das seinen Grund. Wozu sich den Kopf zerbrechen, um diesen Grund herauszufinden? Vielleicht ist die Welt zu überfüllt mit nutzlosem Wissen: Man verbringt Jahre damit, zu lernen, wie die Ameise sich bewegt, und wenn man es endlich weiß, hat man das Gefühl dafür verloren, dass dieses winzige Insekt auch ein Teil der Schöpfung ist. Wenn wir die Ameise aber einfach nur bewundern und wissen, dass sie da ist, dann leben wir die kurze Zeit, die uns mit diesem Leben geschenkt wurde, in Harmonie.

Außerdem ging die Gelehrtheit des Ingenieurs mit einem Haufen lächerlicher, abergläubischer Vorstellungen einher. Bei Buse di Lodina flog ein Käuzchen aus einem Busch auf. Mein Freund erbleichte und schloss aus diesem harmlosen Vorfall, dass uns Tod und Unglück bevorstanden. Was ihn besonders beeindruckt hatte, war, dass wir dem Käuzchen bei Tage begegnet waren. Ich dachte immer, dass diese Art von Aberglauben höchstens in den sturen Köpfen einiger Bergbewohner herumspukte. Was für ein Unfug! Das Käuzchen ist ein still dahingleitender, zurückhaltender Freund, der mit leichten Flügeln den nächtlichen Wanderer begleitet. Es lebt an der Grenze zwischen Nacht und Tag, als unsichtbarer Hüter der Schwelle zwischen Leben und Tod. Also sagte ich dem Ingenieur, dass ich bereit zum Sterben sei, immer und überall, ob die Käuzchen nun riefen oder nicht.

Ich versuchte, diesem klugen, aber furchtsamen Mann zu erklären, dass der Frühling eine wunderschöne, schwierige Zeit sei: die Zeit des Aufbruchs.

Aber je älter man wird, umso härter wird es, noch einmal von vorn zu beginnen. An bestimmten Frühlingstagen hat der Pessimismus freie Bahn. Man fühlt sich unwohl und fängt an, den Blick auf den Horizont zu richten. Denn im Frühling sind wir neu, sind wir schwach, sind wir im Aufbruch begriffen. Wir sollten uns auf einer Lichtung niederlassen, dem magischen Ort der Wälder, wo die Zeit still steht. Wir sollten ruhig und geduldig warten, vielleicht mit einem Buch in der Hand. Bald wird er da sein. *Kuckuck, kuckuck.* Eine Stimme, die uns tief in die Seele dringt, bis auf den Grund. Ganz nach unten, dorthin, wo wir selten Besuch erhalten. Dieser Ort hat mit den Verrätereien des Lebens nichts zu schaffen, diese reinliche, schmale Ecke, in die sich unsere Gefühle retten, wenn wir hinter ihnen her sind, um sie zu massakrieren. Und in diesem Moment verstehst du, dass es der Mühe wert ist, dass es das Gute noch gibt und dass du hier bleiben kannst.

Der Kuckuck ist ein wahrer Freund. Einer, der immer im richtigen Augenblick kommt. Einer, dessen Melancholie dich aus deinen traurigen Gedanken reißt. Alles Geschaffene lebt mit uns zusammen zu dem einfachen Zweck, dass wir uns gegenseitig die Hand reichen. Und trotzdem geht die uralte, instinktive Fähigkeit, die heilenden Stimmen und Farben der Erde wahrzunehmen, immer mehr verloren. Eine Geranie auf dem Fensterbrett reicht schon aus, um die Stimme des Kuckucks auch in die Stadt zu holen. Wir müssen uns nur Zeit nehmen und zuhören, und seien es nur wenige Minuten jeden Tag. Dann kann es geschehen, dass wir rückwärts wandern in die Zeit, als wir noch Kinder waren und alles uns schön erschien. Dies ist der Ruf des Herzens, der dem des Kuckucks antwortet. Und dann wissen wir, dass etwas an diesen geheimen Ort gelangt ist, der tief in uns liegt. Die Stimmen des Frühlings sind es, die dafür sorgen, dass die Reste der Enttäuschungen, Fehlschläge und Ernüchterungen den schmalen Zugang zu diesem Ort nicht verstopfen, sodass wir jederzeit in dieses weit entfernte, magische Land reisen können, das so schwer zu erreichen ist. Das Land, in dem unsere Gefühle Zuflucht nehmen, wenn wir wieder einmal hinter ihnen her sind, um ihnen das Leben zu nehmen. Und eine dieser Frühlingsstimmen ist die des Kuckucks.

Der Birkhahn

Als ich noch ein Junge war, nahm mein Vater mich oft mit zur Jagd in die Berge. Im Herbst gingen wir auf Gämsen und Rehe, im Winter stellten wir mit Blausäurekapseln Füchsen und Mardern nach, die mein Vater mit einem ernsten Unterton die »Schädlinge« nannte. »Schädlich – für wen?«, frage ich mich heute. Diese scheuen Geschöpfe, zarte und flüchtige Wattebäusche im Schnee, schadeten niemandem.

Im Frühling hingegen, im April oder Mai, gingen wir auf die Jagd nach Birkhähnen. In dieser verführerischen Jahreszeit gehen die Männchen auf Brautschau, sodass man sich leicht anpirschen kann, um sie abzuschießen. Als ich erwachsen war und verstand, wie bestialisch dieses Vorgehen im Grunde genommen ist, habe ich die Birkhahnjagd aufgegeben, ohne ihr jemals nachzutrauern. Damals aber war es Ehrensache, dass man in die Fußstapfen des Vaters trat, ob er nun Jäger oder Säufer war. Und wehe dem, der einen Hauch von Sensibilität zeigte und sich geweigert hätte.

So wurden die Heranwachsenden in kleinen Dosen an die Brutalität gewöhnt und verloren ihren natürlichen – fast würde ich sagen: genetisch verankerten – Sinn für das Zusammenleben mit der Natur. Die abstoßendsten Praktiken wurden so, nach einer gewissen Gewöhnungszeit, zur normalsten Sache der Welt: Man tat es und damit Schluss! Aber die Seele eines Kindes ist wie eine Tafel. Die Zeichen, welche der spitze Dorn der Erfahrung darauf hinterlässt, kann man nicht mehr abwischen. Auch wenn der Schwamm der Zeit sie wieder ein wenig verblassen lässt, so bleiben doch Spuren zurück. Und so geschieht es mir, wann immer das Frühjahr sich nähert, dass die Erinnerungen an diese Zeit in mir lebendig werden wie Werwölfe bei Vollmond. Höhnisch grinsend scheinen sie mir von neuem das Gewehr in die Hand legen zu wollen. Doch der Spuk dauert nur kurz. Die Teufel verschwinden bald und machen den Weg frei für die Erinnerungen, die mit diesen weit zurückliegenden Tagen verbunden sind.

Lange Wanderungen durch das Dunkel kalter Aprilnächte, die trotz allem schon den Duft des nahen Frühlings trugen. Mein Vater befahl mir, leise zu sprechen, doch das wäre eigentlich nicht nötig gewesen, da ich mich sogar vor der eigenen Stimme fürchtete. Es schien mir, als würden mich tausend seltsame Gestalten beobachten, und ich konnte nicht recht ausmachen, ob sie mir wohlgesinnt oder böse waren. Später sollte ich sie noch kennen lernen, die freundlichen Geister des Waldes, die heute meine ständigen Begleiter sind. Damals aber verursachten sie mir eine eigenartige Unruhe, die ich meinem einfach und praktisch veranlagten Vater nicht mitteilen konnte.

Wenn wir rasteten, zündete mein Vater sich eine Zigarette an. In der Dunkelheit konnte ich sein Gesicht nicht sehen, nur den schwachen Lichtschein der Glut, der zu seinen Lippen wanderte und wieder zurück: Er existierte gar nicht, war nichts als Schatten. Manchmal erzählte er mir, während er rauchte, Geschichten aus seiner Kindheit, davon, wie grob die älteren Jäger zu ihm gewesen waren, als er noch ein Junge war und keinerlei Erfahrung hatte. Dies sollte mir zeigen, dass ich mich doch eigentlich glücklich schätzen konnte, mit meinem Vater auf die Jagd gehen zu dürfen, und nichts zu befürchten hatte. Er hatte keine Ahnung von der Anspannung und der Angst, die mich während unserer nächtlichen Ausflüge befielen – und ich habe ihm nie davon erzählt. Ständig wanderten meine Gedanken zurück zum warmen Bett dort unten im Tal, wo meine jüngeren Brüder – die Glücklichen! – schliefen. Ich war der Älteste, und daher war es meine Aufgabe, den Vater zu begleiten.

Manchmal sprach mein Vater auch von unserer Mutter, aber immer ohne den geringsten Anschein von Gefühlen. Bevor uns zu kalt wurde, setzten wir uns wieder in Bewegung. Wir gingen langsam, damit wir nicht zu früh am Anstand ankamen und dort in der Kälte auf die Morgendämmerung warten mussten. Sobald wir am vorgesehenen Ort angekommen waren, wiederholten sich die immer gleichen Vorbereitungen: Mein Vater baute uns ein Versteck, indem er im Halbkreis ein paar Kiefernzweige in den Schnee steckte. Auf diese Weise konnte der Birkhahn uns nicht entdecken. Ich gab mir größte Mühe, diese Aktion so lange wie möglich hinauszuzögern. Sobald sie nämlich abgeschlossen war, galt es, im Sitzen unbewegt auf die Ankunft der Birkhähne in der Morgendämmerung zu warten. Manchmal allerdings kamen wir zu früh am Ansitz an. Mein Vater schätzte in etwa ab, wie viel wir zu früh waren, drehte sich eine Zigarette, und dann standen wir stundenlang ohne uns zu rühren in der stillen Schneewelt. Wenn mein Vater merkte, dass ich vor Kälte zitterte, fragte er mich mit ironischem Unterton:

»Ist dir etwa kalt?«

Er war sich bereits im Klaren, dass ich niemals mit ja antworten würde. Dies war die Frucht seiner Erziehung: Ich hatte gelernt, nicht zu klagen. Dann nahm er die Jacke ab und legte sie mir um die Schultern, sodass ich in der kurzen Zeit dieser neuen, lauen Wärme einfach einschlief.

In der Dunkelheit kam er mir oft fremd und böse vor, sodass ich ihn richtig hasste. Aber sobald das Licht des frühen Morgens sein schlichtes Gesicht erhellte, fing ich wieder an, ihn zu mögen.

Ein schwacher, heller Schimmer kündigte das Ende der Nacht an. Und schon hörte man die ersten Laute: Die Tiere erwachten. Uhus strichen durch die Luft, sodass man den Eindruck hatte, in nächster Nähe atme jemand. Seltsame Laute, ein trockenes Zischen, das von oben auf uns herabzufallen schien. Und plötzlich war es da, so durchdringend, dass es fast schon Furcht erregte: das Kullern, mit dem der Birkhahn seinen Rivalen herausfordert. Es war ein aufwühlender, erschreckender Moment: So als würde man einem Menschen zuhören, der aus vollem Halse heiser lacht. Die kühle und umsichtige Gegenwart meines Vaters verlieh mir wieder Sicherheit. Dann ahmte er den Ruf eines Rivalen nach. Ein kurzer Moment der Spannung und schon stürzte der Birkhahn wütend auf uns zu. Ein paar Sekunden später zerriss der betäubende Knall des Gewehrs die magische Stille der Frühe. Für mich war dies immer ein dramatischer Augenblick: Der Widerhall des Schusses brach sich in den Tälern, und ich dachte, dass man uns aufgrund dieses Schusses gleich entdecken würde. Die Spannung wurde unerträglich: Ich erwartete jeden Augenblick, dass Carabinieri und Jagdhüter sich auf uns stürzen würden, und manchmal geschah dies tatsächlich. Wie ein Pfeil schoss ich davon, um den armen Birkhahn zu holen, dessen Federn in der Morgenluft noch vibrierten, und rannte mit ihm, so schnell ich konnte, an einen sicheren Platz, weit weg vom Ort des Vergehens.

Mein Vater kam mir langsam nach und zog zufrieden an seiner Zigarette. Er hob den Birkhahn am Schnabel auf, hielt ihn in der Luft und strich ihm von oben nach unten die Federn glatt. War es ein alter Hahn, mit fünf gekrümmten Federn am Schwanz, dann schien er besonders zufrieden zu sein. Ich aber war eine gewisse Zeit lang traurig.

Nach der Jagd hatten wir den ganzen Tag zu unserer Verfügung, und mein Vater nahm mich oft mit auf einen der einfacher zu erkletternden Berggipfel der Umgebung.

»Dort oben«, meinte er, »kommt die Sonne früher, und außerdem sehen wir ins andere Tal hinab.«

Und tatsächlich, sobald wir den Aufstieg hinter uns hatten, standen wir im strahlenden Sonnenlicht, während es in den tiefer liegenden Ebenen des Friaul gerade dämmerte.

War der Tag dann angebrochen, stiegen wir in den Wald hinunter, um Feuer zu machen.

In dieser Hinsicht war mein Vater ein wahrer Künstler. Er behauptete immer, dass ein richtiges Ass sogar auf dem Schnee Feuer machen könne. Zuerst suchte er immer unter den großen Kiefern. Wie ein Mäuschen stöberte er zwischen Schnee und Zweigen herum, bis er mit einer Hand voll weißlicher Zweige hervorkam, die gerade mal so dünn wie ein Streichholz waren. Dann suchte er nach dickeren Holzstücken. Schließlich wurde alles aufgebaut, wie es sich gehörte: ganz unten die dünnsten, die aussahen wie Holzfäden, darüber die Zweige mittlerer Größe und ganz obenauf die dicken. In der Burg, die er auf diese Weise baute, ließ er natürlich auch ein Loch. Dort kam das Papier hinein. Schließlich holte er eine Zeitung aus seiner Jägerjoppe und riss einen einzelnen Streifen ab.

»Wir wollen ja schließlich keine Verschwender sein!«, sagte er.

Seine dunkle Barchentjacke war eigentlich mehr ein Warenlager: Schnur, Papier, Taschenmesser, Patronen, Fernglas, Käse und Brot – alles fand sich darin. Dann entzündete er mit einem Streichholz das Papier unter dem kunstvollen Gebilde aus Zweigen. Zuerst stieg ein paar Minuten lang nur ein dünner Faden blauer Rauch auf, doch dann gewann die freundliche Flamme immer schneller an Kraft.

Dort am Feuer wärmten wir uns und aßen eine Kleinigkeit. Doch zuerst versteckten wir sorgfältig das Gewehr und die Beute. Dabei wich ich nach Möglichkeit dem Blick meines Vaters aus, weil ich wusste, dass er versuchte, meine Gefühle zu erraten, und wehe, wenn diese ihm ein Zeichen der Schwäche oder des Mitleids mit dem getöteten Tier verrieten. Darauf reagierte er höhnisch und hart:

»Du bist wirklich ein Schwächling. Du taugst ja zu gar nichts«, sagte er dann.

»Du musst aufhören, dir ständig Gedanken zu machen, sonst wirst du als Erwachsener ein armseliges Leben führen. Reue und Gewissensbisse sind wie Zweige, die den Weg versperren. Wenn du sie nicht gleich abreißt, stören sie dich auf dem Rückweg wieder.«

Aber die Zweige an den Wegen wachsen nach, und die Gefühle, die verloren gehen, kehren irgendwann wieder. Woher käme sonst dieser traurige und ferne Blick, den seine Augen in den letzten Jahren zeigen? Unter Anleitung dieses unbewusst zynischen und harten Meisters habe ich mit acht oder neun Jahren meine ersten Erfahrungen in der Bergwelt gemacht. Und wenn ich an diese Zeit zurückdenke, schiebt sich das Bild der von der Morgensonne vergoldeten Bergriesen vor alles andere. Nur wenige Jahre später habe ich diese Gipfel selbst erklettert, auf die mein Vater, der wenig Erfahrung als Bergsteiger hatte, mich nicht bringen konnte. Und in der Folge haben Technik und Training mich auf jeden Berg geführt, den ich ersteigen wollte. Doch die Kenntnis dieser Gipfel hat ihnen den Nimbus der geheimnisvollen Ferne genommen, zu der ich täglich aus den Tiefen des Tales hinaufspähte und in die ich gern geflüchtet wäre, nachdem wir gemeinsam den Birkhahn getötet hatten.

Der Fuchs

Januar und Februar waren die Monate für den Fuchs. In der schweren Zeit spielte die Jagd eine ganz wesentliche Rolle, weil sie den Bergbewohnern erlaubte, ihre karge Kost mit ein wenig Eiweiß aufzuwerten. Aber es wurde nicht nur des Fleisches wegen gejagt. Schließlich ließ sich damit auch Geld verdienen.

Gejagt wurde das ganze Jahr über. Auf welches Wild man aber ging, richtete sich nach der Jahreszeit. April und Mai brachten – allerdings unter gewissen Opfern, denn die Jagd war hart – Birkhähne, Auerhähne und Schneehasen. Im Sommer war die Beute ziemlich mager, aber ein paar Rehe, Steinhühner, Frankoline und Rebhühner gab es immer. November und Dezember war die Zeit für Gämsen. Und im Januar und Februar widmete man sich mit Geduld und ein paar Kapseln Blausäure der Jagd auf Raubwild, vor allem auf den Fuchs.

Das Fleisch dieser Tiere wurde nicht gegessen, auch wenn es durchaus einige unter uns gab, die hungriger waren als die anderen und es doch taten. Dazu aber mussten sie vorher den abgezogenen Fuchs oder Marder ins Wasser des Vajont hängen, wo er – an einem Stück Draht hängend – mindestens zwei Tage lang von der Strömung durchgespült wurde. Nur so wurde das Fleisch weich und einigermaßen genießbar. Trotzdem gab es nicht viele, die »das Unmögliche aßen«: Meist jagte man den Fuchs seines schönen Pelzes wegen.

Wenn wir zehn Häute beieinander hatten, brachte mein Vater sie nach Longarone zu Checo Franz, der gut bezahlte. Allerdings durften sie kein einziges Loch haben, und sei es auch noch so klein. Auch sonst durften sie keinerlei Verletzung aufweisen, sonst sank der Preis – zu unserer Enttäuschung – auf weniger als die Hälfte. Deswegen verfiel man auf die Idee mit den Blausäurekapseln, die unfehlbar ihre Wirkung taten. Sie wurden in Österreich hergestellt und im Sechserpack angeliefert, für den Versand bruchsicher verpackt. In der kleinen Schachtel steckte jede Kapsel in einer eigenen Vertiefung und war zusätzlich mit Baumwollstreifen gegen Erschütterungen geschützt. Die Kapseln waren aus hauchdünnem Glas gefertigt, ungefähr so groß wie Bohnen und liefen an den Enden spitz zu. In ihrem Inneren befand sich die tödliche Flüssigkeit. Wir erhielten sie über einen Arzt, der aufgrund seines Berufes leicht an das Gift herankam.

Am Tag bereiteten wir dann die vergifteten Köder vor, welche die Tiere anlocken sollten. Die tödlichen Leckerbissen wurden aus frischen Fleischabfällen hergestellt: Zuerst erwärmte mein Vater etwas Rindertalg über dem Kaminfeuer. Unmittelbar bevor er zu schmelzen anfing, wenn er gerade weich und pastös war, nahm er ihn vom Feuer und steckte die Kapsel hinein, die er vorsichtig zwischen Daumen und Zeigefinger hielt. Dies war der kritische Moment. Der alte Mann bot seine ganze Konzentration auf, wenn er auf diese Weise mit dem Tod hantierte. Ich hingegen trat ein paar Schritte zurück, denn die Klugheit lehrt schließlich, dass »man ja nie so genau weiß«. Sollte die Kapsel aus irgendeinem Grund zerbrechen, dann würden die freigesetzten Dämpfe uns beide töten. Dass ich mich etwas abseits hielt, ließ mir eine geringe Chance. Und außerdem wollte ich die Ehre der Fuchsjagd im Jenseits gern dem Älteren überlassen.

Fasziniert sah ich meinem Vater zu, wie er mit leichter Hand und doch vorsichtig dieses Instrument des Todes fabrizierte. Während der ganzen Operation war sein Gesicht angespannt, er zuckte nicht einmal mit den Lidern: Unbeweglich wie eine Statue aus Holz saß er da, die Arme auf die Knie gestützt, und bewegte die Hand nur aus dem Gelenk heraus. Sein ganzer Oberkörper war starr. War er mit dieser gefährlichen Prozedur fertig, erzählte er – vielleicht um die Spannung zu lösen – immer dieselbe Geschichte: Ein Freund von ihm, ein Jäger, hatte wie durch ein Wunder überlebt, als ihm einmal eine der Kapseln versehentlich zerbrochen war. Vielleicht war das auch nur Jägerlatein, denn Blausäure entkommt man nicht.

Den mit der Kapsel präparierten Rindertalg rollte er zu einer Kugel von der Größe einer Walnuss, die er in ein faustgroßes Stück Fleisch steckte. Und schon war der erste

Köder fertig. Meist machte er an die zehn, manchmal aber auch mehr.

Gegen Abend überprüften wir, ob die Karbidlampen funktionierten, dieselben, mit denen wir im März auf Froschjagd gingen. Sobald es dunkel war, gingen wir los, der Kälte wegen in warme Kleidung gehüllt. Ich zog mir den »Fuchsmantel« an, einen Umhang, der eigentlich meinem Großvater gehörte und mir bis zu den Knöcheln hinabreichte.

Meine Aufgabe war es, den Köderstock zu tragen, eine vier bis fünf Meter lange Stange, an deren Ende ein alter Schöpflöffel mit einer Schnur befestigt war. Wir stiegen das Kiesbett des Vajont hinauf. Manchmal kamen wir sogar bis ins gleichnamige Tal, das der Wildbach wie ein silberner Faden durchzog. Der Marsch dauerte mitunter die ganze Nacht. An bestimmten Stellen hielten wir an, und mein Vater legte die vergifteten Köder in die Schöpfkelle am Ende des Stockes. Ich musste ihn hierzu ganz gerade halten und dann den vergifteten Bissen mit aller gebotenen Vorsicht so auf dem Schnee ablegen, dass er nicht auseinander fiel.

Da der Stock so lang war, hinterließen wir rund um diesen tödlichen Brocken keinerlei Spuren. So gelang es uns, den sprichwörtlich schlauen *bolp,* wie wir den Fuchs nennen, zu überlisten.

Sobald wir unseren Rundgang beendet hatten, kehrten wir – es war meist schon Tag – nach Hause zurück. Die Großmutter hatte das Feuer im Herd schon angezündet, indem sie einfach ein wenig in die Glut blies, die unter der

Asche verborgen war. Nun hatte ich erst einmal bis zum nächsten Morgen Ruhe. Doch mit dem Tag, der der Auslegung der Köder folgte, begann eine nervenaufreibende Odyssee, die zehn, ja fünfzehn Tage dauern konnte.

Wir mussten sehr bald aus dem Haus, »solange der Morgen noch grau ist«, wie mein Vater zu sagen pflegte. Mit einem Fernglas kontrollierten wir aus der Ferne der Reihe nach unsere Blausäurebonbons. Tief unten im Tal atmete der Vajont ganz ruhig. An den Windungen stieß er leichte Nebeldämpfe aus, die sich mit der Winterkälte zusammentaten und einen zarten Kristallgarten schufen, indem sie die Kiesel mit einem Federkleid unglaublicher Arabesken überzogen. Die vom Reif überhauchten Büsche sahen aus der Ferne aus wie winzige, schwebende Wolkengrüppchen. Über alldem lag eine verzauberte Stille.

Der Großvater wollte immer, dass ich dort nach Schleifsteinen suchte, mit denen wir unser Werkzeug schärfen konnten. Er erklärte mir genau, worauf ich dabei achten musste. Schleifsteine trugen niemals Reif, und wenn man sie ins Wasser warf, nahmen sie das dunkle Rot einer frischen Leber an. Manchmal fand ich einen, wenn ich mich umsah.

Unsere schweren Stiefel trampelten die Eisblumenpracht einfach nieder. Sie zerbrachen mit einem eisigen *Krack-krack,* das uns die Kälte im ganzen Körper fühlen ließ.

Sobald wir uns einem der Köder näherten, hob mein Vater das Fernglas an die Augen und suchte die Stelle ab. In diesen Augenblicken konnte ich – zu ihm aufblickend – sein Gesicht studieren, ohne dass er es bemerkte. Er sprach mit geschlossenen Lippen, sodass ich es nur aus seinen Grimassen ablesen konnte, wenn er keine Beute fand und der Fuchs ihn einmal mehr verhöhnt hatte.

Dann setzte er das Fernglas ab und wir wanderten zum nächsten Köder weiter. Dabei beschimpfte er das schlaue, ferngebliebene Tierchen mit Ausdrücken, die sich hauptsächlich auf Frauen zweifelhaften Rufes bezogen* und die ich deshalb hier nicht wiederholen möchte. Normalerweise war unser Kontrollgang gegen Mittag beendet. Beschämt und schweigsam kehrten wir nach Hause zurück, eingehüllt in die gepolsterte Stille des Winters, jeder seinen eigenen Gedanken nachhängend.

Dieses Spiel mit einem Gegner, der schlauer war als wir, konnte sich wochenlang hinziehen. Ohnmacht und Zorn bewirkten, dass mein Vater mit der Zeit so geladen wurde, dass ich allmählich um mein eigenes Fell bangen musste. Ich durfte nichts falsch machen, wenn er mir etwas befohlen hatte; musste seine möglichen Reaktionen auf jede meiner Bewegungen im Voraus bedenken und gleichzeitig die Gegenzüge zu meiner Rettung. Es war ein dummes und – für mich – gefährliches Schachspiel. Wenn ich verlor, riskierte ich ein paar kräftige Tritte in den Hintern. Manchmal allerdings hielt mein Vater sich nicht an die Regeln. Er stieß das Schachbrett einfach um und brachte so das Recht auf seine Seite, obwohl mein Zug gut gewesen war. Sein Misserfolg, sein Zorn, seine Frustration über das kluge Tier, das uns jeden Morgen an der Nase herumführte, griffen schließlich auch auf mich über. Mehr und mehr be-

* Im Italienischen ist der Fuchs, *la volpe,* weiblich. (A. d. Ü.)

gann ich die Dinge so zu sehen wie er. Der Fuchs verlor in meinen Augen den Anschein der Bescheidenheit, den seine flüchtige Gegenwart tatsächlich hat, und wurde zu einem verschlagenen, hinterhältigen und uns absichtlich narrenden Feind. Je mehr fruchtlose Gänge wir zählten, je mehr unsere Niederlagen an uns nagten, desto ferner und geheimnisvoller kam uns das Tier vor. Wie in einem skurrilen Traum nahm es allmählich menschliche Züge an. Und in mir wuchs der Wunsch, das Biest tot zu sehen, es zu erwischen, um die Geschicklichkeit meines Vaters, der Tag für Tag mehr der Lächerlichkeit preisgegeben wurde, doch noch bestätigt zu sehen.

»Füchse sind wie Weiber«, sagte zynisch der Alte, der damals noch gar nicht alt war, mir aber so vorkam. »Aber früher oder später kriegt man sie doch!«

Diese höhnischen Andeutungen waren mir zwar noch völlig unverständlich, aber irgendetwas musste ja wohl dran sein.

Doch endlich, nach zahllosen Fangversuchen und geduldigen Kontrollgängen, die wir täglich in der Winterkälte unternahmen, nach endlosen nächtlichen Runden unter dem Licht des Januarmondes, der angeblich die Tiere hervorlockt, endlich geschah etwas. Eines Morgens – ein Morgen wie alle anderen, an dem wir gerade den x-ten Kontrollgang machten – leuchteten die Augen meines Vaters hinter dem Fernglas auf. Sein ewig weiberfeindliches Gesicht verzog sich, und während er das Glas auf seine Brust fallen ließ, um sich eine Zigarette zu drehen, rief er aus:

»Da ist er!«

Ich nahm ihm das Glas ab und richtete es auf den Punkt, den er mir anzeigte. Heftig drehte ich an der Einstellung, und plötzlich erschien mir in der Luft, die zu vibrieren schien, der fuchsrote Körper des Feindes.

Mein Herz schlug wie verrückt. Da ich sehr schnell war, flog ich wie ein Pfeil auf das niedergestreckte Tier zu. Ich wollte es vor ihm sehen, vor ihm berühren. Während ich den halben Kilometer zurücklegte, ging die Fantasie mit mir durch, und ich sah tausend verschiedene Fuchsgesichter vor mir. Nur noch wenige Meter und die geheimnisvolle Gestalt würde ihren Nimbus verlieren. Ich würde ihn kennen lernen. Endlich war die ganze Qual vorüber, und wir mussten uns nicht mehr jeden Morgen zum Narren halten und demütigen lassen.

Ich gestehe, dass ich auf diesen vier- oder fünfhundert Metern eine Art grausamer Genugtuung empfand, die sich mit Resten eines schon gedämpften Hasses mischte.

Aber als ich keuchend bei dem Tier ankam, das der Frost bereits hatte steif werden lassen, vollzog sich immer dieselbe Wandlung in mir: Ich fand keinen Feind, kein schlaues Ungeheuer, kein höhnisches Nachtgetier, das uns verlachte.

Zu meinen Füßen lag ein kleiner, unschuldiger Fuchs im Schnee. Sein Fang war verzerrt vor Schmerz und Überraschung, zwischen den schimmernden Zahnreihen hielt er immer noch den vergifteten Köder. Alle Spannung, aller Hass, der während der Zeit des Wartens vom Alten auf mich übergegangen war, lösten sich plötzlich in Scham auf. Die Reue stieg in mir hoch, als ich diesen kleinen, wehrlosen Körper vor mir liegen sah, der sogar angesichts des schrecklichen Todes noch die Eleganz, die Würde und den Glanz seiner ungreifbaren lebendigen Gestalt bewahrt hatte. Ich fand es dumm und lächerlich, wie ich mich aufgeführt hatte. Für mich war der tote Fuchs der abscheuliche Beweis unserer Gemeinheit.

Inzwischen war mein Vater herangekommen und hob das Tier brutal und ohne großes Aufhebens hoch, um die Länge des Schwanzes abschätzen zu können. Dabei schleuderte er ihm seinen üblichen Rosenkranz von Flüchen, Beleidigungen und Obszönitäten entgegen. Nach wie vor sprach er ihn als Weibchen an, obwohl das tote Tier ein Männchen war. In diese Tirade legte er alles hinein, was er hatte erdulden müssen: all die verlorenen Schlachten, die sinnlos verbrachten Tage, seine enttäuschten Hoffnungen und die Ohnmacht gegenüber einer Macht, die sich niemals geschlagen geben würde.

Dann zogen wir dem Tier den giftigen Bissen aus dem Mund, der jetzt ungefährlich war. Ich legte mir den flaumweichen Körper über die Schultern, und wir gingen weiter. Auf dem Weg dachte ich über das Schicksal des Lebewesens nach, das ich so eng am Körper trug: Nur wenige Stunden zuvor war es noch unter den schneebedeckten Kiefern herumgestrichen. Vielleicht wollte es zu einem Gefährten oder wurde von einem solchen erwartet. Ich gab vor, mich für Spuren zu interessieren, und fragte meinen Vater, den Spurensucher, wo der Fuchs wohl hingewollt hatte, bevor er den schrecklichen Köder gefunden hatte. Doch mein Vater schnitt mir einfach das Wort ab und antwortete ärgerlich:

»Hier wollte er her, genau hier. Wohin soll er denn gewollt haben? Hier erwartete ihn das Schicksal. Er musste heute kommen, sonst wäre er nicht hier gewesen.«

In dem gleichen sarkastischen Ton, den er heute noch anschlägt, allerdings ohne damit etwas zu bewirken, versuchte er, mir klar zu machen, dass das Schicksal unausweichlich sei und es daher keinen Sinn habe, dagegen anzukämpfen. Er wünschte sich, dass ich lernte, mein Gewissen zu beruhigen, damit ich weniger leiden würde. Und er wollte mich überzeugen, dass wir alle Gejagte sind. Zum Teil ist ihm das auch gelungen.

Wenn bei den anderen Ködern keine weiteren Füchse mehr auf uns warteten, kehrten wir nach Hause zurück. Am heimischen Kamin hängte ich unsere Beute an zwei dafür vorgesehene Haken an der Wand, die heute noch da sind. Und mein Vater fing sofort an, dem Tier das Fell abzuziehen. Da er sehr geschickt war, brauchte er dafür nicht lange. Ein paarmal verspürte auch ich den Wunsch, diese Arbeit zu erledigen, aber dann wagte ich es doch nicht. Ich hatte Angst davor, was er mit mir anstellen würde, wenn ich das Fell irgendwie beschädigt hätte. Den knochigen, bluttriefenden Kadaver, der vom eleganten König des Waldes übrig blieb, ließen wir am Haken hängen, bis auf ein Wort von uns einer von denen kam, die »das Unmögliche aßen«. Hastig steckte er ihn in seinen Jutesack, bedankte sich und verschwand in die Nacht hinaus. Aber nicht, ohne uns noch ein paar von einem Grinsen begleitete Worte zuzuwerfen:

»Hähä, ihr wisst ja gar nicht, was ihr euch da entgehen lasst.«

Die Spur des Marders

Im Winter einen Marder zu fangen hatte nichts mit Jagen zu tun. Solch eine Tat war der stolzen Jünger Sant'Ubaldos, des Patrons der Jagd, eigentlich nicht würdig. Man zog am frühen Morgen aus und folgte den Spuren des kleinen Tieres durch den frischen Schnee, bis man zu seiner Höhle kam. An diesem Punkt nahm der *bocia,* ein junger Jagdhelfer, Fetzen eines Gummireifens oder ein paar Schuhsohlen, zündete sie an und steckte sie in das Loch, in dem sich das Tier versteckte.

Während der *bocia* sein Werk verrichtete, postierten sich die Jäger an strategisch wichtigen Punkten rund um die Öffnung der Höhle, den Zwilling, ein doppelläufiges Gewehr, im Anschlag.

Auf ein Zeichen ihrerseits warf der *bocia* das brennende Gummi in die Höhle, wo der dichte Rauch den Marder fast erstickte. Von Angst getrieben schoss er wie der Blitz aus der Höhle.

Mit einem schnellen Blick vergewisserten sich die Jäger, wo jeder von ihnen stand, damit sie sich nicht gegenseitig verletzten. Und im nächsten Moment schossen sie erbarmungslos auf die winzige Beute.

Es war also alles andere als edles Waidwerk, was da verrichtet wurde, aber zumindest brachte es Geld ein. Der Marder, im Friaulischen *martorel* genannt, ist etwa doppelt so groß wie ein Eichhörnchen und sieht ihm ein wenig ähnlich, aber er ist ein mutiger und erbarmungsloser Jäger. Im Gegensatz zum Fell der Füchse ist der Marderpelz auch etwas wert, wenn er durchlöchert ist, denn er wird zur

Verarbeitung in schmale Streifen geschnitten. Daher ist es nicht so tragisch, wenn das Fell Löcher von den Kugeln hat.

Einen wunderschönen Winter vor vielen Jahren – ich war vielleicht zwölf oder so – verbrachte ich wie immer mit den Jägern. Gegen meinen Willen fiel mir damals die Rolle des Jungen zu, der die Gummistücke anzündet. Eines Morgens im Januar brachen wir zu fünft auf: mein Vater, dazu ein alter Wilddieb, der sich auf die Marderjagd verstand, zwei Brüder um die fünfzig und ich.

Den Vajont überquerten wir bei der neuen, kühnen Brücke von Cerentòn, die im folgenden Jahr beim Dammbruch weggespült werden sollte. Sobald wir die Häuser von Prada erreichten, begannen wir, jeder für sich, nach den Spuren des Tieres zu suchen. Schon nach kurzer Zeit stieß der ältere der beiden Brüder in der Nähe eines Heuschuppens den klassischen Ruf aus, mit dem man die gefundene Spur verkündet. Wir besprachen uns kurz, um die Richtung festzulegen, und brachen dann auf. Die Fährte des kleinen Räubers führte entschieden nach Westen: Geduldig machten wir uns an die Verfolgung. Je länger wir den Abdrücken folgten, umso klarer wurde mir, dass der Marder in der Nacht keine Eile gehabt hatte! Sein Weg führte durch dicht vom Schnee bedeckte Büsche, die bei der leisesten Berührung den Fuß in eine kleine Lawine eiskalten Pulvers hüllten. Er war herumgesprungen, hatte die uralten, weißen Kiefern umrundet und seine Exkremente ordentlich unter einem Stein verscharrt. Er war, vielleicht um zu trinken, bis zum vereisten Wasser des Wildbaches

Mesàz hinabgestiegen. Von dort aus führte die Spur geradeaus ins gleichnamige Tal.

Für den Marderspezialisten, welcher übrigens der Einzige im Dorf war, der auch das Fleisch des Tieres aß, gab es keinen Zweifel:

»Er ist unterwegs zu den Heuschuppen von Ditta, der Alm am anderen Ende des Tales.«

Nach einer kurzen Pause, in der sie einen Schluck Grappa zu sich nahmen – der im Übrigen immer auch mir angeboten wurde –, entschieden sich die vier Experten weiterzugehen. Mitten im Winter das ganze Mesàztal zu durchqueren war kein geringes Unterfangen. Hatte ich bis jetzt dem Ganzen eher unbeteiligt gegenübergestanden, so ließ mir das, was jetzt bevorstand, keine Ruhe: Ich setzte all meine Hoffnung auf den frommen, aber äußerst unwahrscheinlichen Wunsch, die Spuren möchten doch zeigen, dass der Marder den Weg nach Hause eingeschlagen hatte. Ich erinnere mich, dass ich dies dem ältesten Jäger mitteilte, dem Experten, der die Marder sogar aß. Er lebte allein und trank ziemlich viel. Mich mochte er. Während der Jagdausflüge, wenn uns niemand hören konnte, gab er mir kleinem Jungen mit leiser Stimme die Geheimnisse des Waidwerks weiter. Vielleicht hatte er Angst, dass die anderen Jäger ihm seine Geheimnisse ablauschen würden. Er schüttelte nachdenklich den Kopf und gab zur Antwort, dass die Marder niemals auf demselben Weg nach Hause zurückkehrten; in der Nacht gingen sie auf Futtersuche und wechselten ständig die Route.

Ich gab mich mit der Erklärung zufrieden und folgte der Gruppe, in meinen Fuchsmantel gehüllt, die Hände tief in den Taschen vergraben und die Mütze über die Ohren gezogen.

Am Tag zuvor hatte es geschneit, und das metallische Grau des Himmels deutete auf weiteren Schnee. Die weiten Buchenwälder schliefen unter einem halben Meter Neuschnee. Wohin man auch sah, alles war eingehüllt in Schnee – nichts als Wellen von unendlichem Weiß. Die hohen Berge, die uns umschlossen, hatten ihr kantiges Profil verloren und sich in weiche Kuchenformen verwandelt. Der Mesàz beförderte sein lebendiges Wasser ohne jedes Geräusch ins Tal, von einer dicken Eisschicht zum Schweigen verurteilt. Nur hin und wieder lugte das Wasser an einer gnädigen Windung hervor und schöpfte Atem.

Wir bahnten uns ohne Eile unseren Weg durch den Schnee, der so fein und pulverig war, dass man glauben konnte, es handle sich um fest gewordene Luft. Mein Vater und die beiden Brüder ganz vorne redeten über Frauen, und dies in einer Art und Weise, dass sogar die toleranteste Feministin heutiger Tage ihnen wohl das Herz aus dem Leib reißen würde.

Irgendwann fing der alte Jäger an, mit mir vom Marder und seinem Charakter zu sprechen. Er sagte, das Tier sei ein einsamer und gnadenloser Jäger, und um dies zu beweisen, erzählte er mir eine Geschichte, die ihm selbst vor einigen Jahren zugestoßen war.

Eines Tages im Winter suchte er am Sant-Osvaldo-Pass nach Marderspuren. Hinter einer Wegbiegung entdeckte er auf der verschneiten Fläche des Tegn eine dunkle Masse. Als er sich dem truthahngroßen Bündel näherte, erkannte er, dass es sich dabei um die Überreste eines prächtigen Auerhahns handelte. Neben dem Hals des Hahnes leuchtete eine Blutspur rot im Schnee. Mit immer größerem Erstaunen bemerkte er, dass es rund um den Auerhahn nur eine Spur gab: die eines Marders, die sich von dem Vogel entfernte. Wie aber, so fragte sich der Jäger, konnte der Marder an diese Stelle gelangen, ohne Spuren zu hinterlassen? Er untersuchte den enormen Vogel, der bereits halb verspeist war, und schließlich fand er die Lösung: Der Marder war dorthin gelangt, indem er sich auf dem Rücken des Auerhahns festgekrallt hatte! Mit Sicherheit hatte er den Vogel im Schlaf angefallen, vielleicht noch in den Tannenwäldern des Monte Cornetto. Der Hahn hatte gespürt, dass er verloren war, und hatte sich ins Tal gestürzt, auf dem Rücken seinen schrecklichen Mörder. Winterkälte und Dunkelheit waren die einzigen Zeugen dieses dramatischen Fluges in den Tod. Während des Absturzes grub der Marder seine spitzen Zähne in den Hals des Vogels, sodass dieser mehr und mehr an Kraft verlor. So zwang er ihn, langsam an Höhe abzugeben, bis er weich auf dem Schnee landete. Sobald sie am Boden waren, vollendete der Fleischfresser sein Werk und hielt ein üppiges Bankett, bevor er sich davonmachte.

Auf diese Weise wenigstens erklärte sich mein Freund die rätselhaften Spuren rund um den Auerhahn, die von dem Tier weg-, aber nicht zu ihm hinführten.

So erzählten wir uns diese und jene Geschichte rund um den kleinen Räuber, bis wir an den verlassenen Hütten der Alm des alten Ditta ankamen. Das Tier hatte dort, wie man an den Spuren erkennen konnte, ein wenig im Stall herumgeschnüffelt, war dann aber, ohne sich weiter aufzuhalten, nach Norden weiter gewandert. Wir liefen schon über drei Stunden hinter dem Marder her, und langsam begann die Enttäuschung sich auf den Gesichtern meiner Lehrmeister zu zeigen. Hatten sie vorher dreist von Frauen und anderen Dingen gesprochen, so fiel jetzt kaum noch ein Wort. Nur die Flüche wurden mehr, und mit ihnen stieg auch die Nervosität. Sie sahen sich scheel von der Seite an, wagten aber nicht auszusprechen, was jeder von ihnen seit geraumer Zeit befürchtete. Der Alte, der sich ein wenig abseits hielt, feixte heimlich und flüsterte mir mit einer Stimme, die jeden Zweifel von vornherein ausschloss, ins Ohr:

»Er ist ins Loch zurück.«

»Er ist zum Farnhügel hinauf«, riefen ihrerseits die drei an der Spitze unisono.

Also gingen wir wieder los und machten uns auf den mühsamen Weg durch den Schnee, immer auf der Fährte unseres unsichtbaren Freundes, der uns quasi den Weg bahnte.

Nach unendlichem Hin und Her hatten wir den Farnhügel erreicht, und dort nun brachen Wut und Enttäuschung sich endlich Bahn, entdeckten wir doch, dass die Spur des Tieres zurück ins Tal führte.

Der erste Verdacht war wieder da, und unsere Spezialisten begannen, Sätze zwischen den Zähnen hervorzuquetschen wie:

»Der wird doch nicht in den Bau zurück sein?«

»Wetten, dass der Bastard ins Dorf gelaufen ist?«

Darauf fingen mein Vater und die beiden Brüder an, sich gegenseitig zu beleidigen. Jeder warf dem anderen vor, die ersten Spuren im Schnee nicht genauer gelesen zu haben. Der alte Jäger hingegen, der die Marder auch aß, mischte sich nicht ein. Er nahm mich nur zur Seite und befahl mir, von diesem Ereignis nur ja niemandem zu erzählen, denn sonst würde man uns im Dorf noch jahrelang auslachen.

Unter lauten Flüchen drehten wir um und marschierten wieder zurück. Nach einigen Stunden kamen wir zu den schneeweißen Wiesen von Pineda. An diesem Punkt wandelte sich das Erstaunen der Jäger in Wut und Hass auf das Tierchen, denn langsam erkannten sie die Ausmaße der Irreführung, mit der es sie überlistet hatte. Bis zu diesem Augenblick hatten sie vom Marder als Männchen gesprochen, nun aber hatte er plötzlich das Geschlecht gewechselt.

»... ein Weibchen!«, schimpften sie. »Solche Scherze denken sich nur Weiber aus.«

Sie machten ihrer Wut Luft, indem sie den Marder mit der holden Gefährtin des Mannes verglichen und das weibliche Geschlecht im Allgemeinen mit den wüstesten Beschimpfungen bedachten. Aber ihr Zorn steigerte sich noch, als sie, nachdem wir den hundertsten Hügel überwunden hatten, vor sich wieder den Heuschuppen erkannten, von dem wir vor sechs Stunden aufgebrochen waren. Keiner der tapferen Jäger ließ ein Wort verlauten, als wir uns näherten. Die Fährte zeigte deutlich, dass das Tier, nachdem es die ganze Nacht im Mesàz-Tal umhergewandert war, sich jetzt in die Wärme des Heuschuppens verkrochen hatte. Es hätte also ausgereicht, wenn wir heute Morgen den Schuppen einmal umrundet hätten; dann hätten wir zweifellos auf der Rückseite die Spuren des zurückgekehrten Marders entdeckt. Aber man weiß ja, wie das so ist, mit den erprobten Jägern: Sie sind sich ihrer Sache zu sicher, und dann werden sie unvorsichtig.

Nach ein paar erregten Worten platzierten sich die vier erbost und zu allem entschlossen an den Ausgängen. Wenn ich mich an ihre Gesichter richtig erinnere, waren sie wild vor Zorn. Einer der Brüder fragte mich, ob ich denn geschlafen hätte, als ob die Schlappe meine Schuld sei. Dann befahl er mir, in den Schuppen hineinzugehen und mit einem Stock an die Balken zu schlagen, welche die Decke trugen.

Ich merkte nicht, wann der Marder floh. Ich hörte nur vier fast gleichzeitige Gewehrschüsse, während ich noch immer mit einem Knüppel gegen die Balken schlug.

Als ich aus dem Fenster kletterte, durch das ich hereingekommen war, sah ich, wie einer der vier das tote Tier mit Füßen trat. Sobald er seine Wut abreagiert hatte, nahm ich das gepeinigte Knäuel auf und steckte es in den Sack. Danach wanderten wir alle ins Dorf hinab.

Während des Abstiegs sprachen die Herren Experten über die List, der sie aufgesessen waren. Sie spielten das Ganze möglichst herunter und taten so, als ob sie es witzig fänden. Doch hin und wieder flackerte die Wut wieder in ihnen auf, und erneut bedachten sie den unschuldigen Marder mit unaussprechlichen Flüchen gegen alles Weibliche.

Am Abend setzten wir fünf uns im Haus meines Vaters rund um das Feuer. Während der Glühwein im Kessel langsam heiß wurde, zog mein Vater die Beute ab. Ich bin mir absolut sicher, dass alle in diesem Augenblick bemerkten, dass der gefangene Marder ein Männchen war. Aber keiner der Helden öffnete den Mund oder ließ auch nur ein Wort über diese Tatsache verlauten.

Die Alm

Juni war der Monat, in dem man auf die Alm ging. Ein uralter Brauch legte den Auftrieb auf den 13. Juni, den Tag des Heiligen Antonius. Keinen Tag früher und keinen Tag später. Und auch der Tag des Abtriebs stand exakt und unwiderruflich fest: Es war der 7. September. Keiner der alten Almhirten konnte mir jemals erklären, warum es an genau diesen Tagen geschah. Für sie war das gar keine Frage: Man hatte es immer so gemacht. Diese Tradition wurde seit Jahrhunderten weiter vererbt und musste einfach eingehalten werden. Und damit basta.

Hinter den Sennen und der Herde her gingen auch wir, die Hütejungen. Manchmal ließ uns unser Vater nicht einmal die letzten Schultage beenden.

Bereits eine Woche vor dem schicksalhaften Datum gab er der Großmutter den Auftrag, uns die Rucksäcke mit allem Nötigen voll zu packen: Wollsocken, Baumwollunterhemden, ein paar Unterhosen (nicht allzu viele, da man sich auf der Alm sowieso nicht wusch), eine warme Jacke, den Wachstuchmantel, mehrere Paar *scufòns,* die selbst genähten Stoffschuhe, und mehrere Hosen zum Wechseln, denn im hohen Gras durchnässte uns der Morgentau jedes

Mal bis auf die Haut. Die Montur, in der wir auszogen, bestand aus Flanellhemden – die fast immer aus den Überresten von Erwachsenenhemden geschneidert waren –, Leinenhosen und einem Hirtenhut, der uns das Aussehen alter Männer verlieh. In der Hand trugen wir den gebogenen Hirtenstab und in der Tasche die unverzichtbaren Utensilien unseres Knabenlebens: Taschenmesser und Schleuder.

So verkleidet zogen wir ab, wehrlose und traurige Krieger, die drei Monate lang mit streitlustigen Kühen und unleidlichem Jungvieh zu kämpfen hatten, gepeinigt vom Heimweh nach den Freunden im Tal. Wir würden uns allein fühlen, verlassen, und so die einsamen Tage in den Bergen verbringen, als einzige Gesellschaft den strengen Senn mit der unbewegten Miene, die er niemals zu einem Lächeln verzog. An eine etwaige Entlohnung war nicht zu denken. Man hörte schließlich immer wieder, dass man froh sein müsse, Kost und Logis frei zu haben und arbeiten zu dürfen. Und immerhin lagen wir unseren Eltern ein paar Monate lang nicht auf der Tasche.

Hinter der Wegbiegung, die uns ins Val Zemola führte, entschwand das Dorf unseren Augen und damit jede Hoffnung, doch noch bleiben zu können. Von diesem Moment an ließen wir den Kopf hängen und gaben uns dem Heimweh hin. Der schwankende, langsame Gang gab den Kuhglocken einen getragenen, melancholischen Ton, wie ein Klagelied aus weiter Ferne. Insgeheim hasste und beneidete ich den schweigsamen Senn, der der Herde voranging, weil er keinerlei Gefühle zu haben schien. Hin und wieder rief er die Kühe zusammen und gab ihnen ein wenig Salz, das er aus seinem um die Taille gebundenen Quersack holte. So liefen sie ihm nicht weg und verloren sich nicht im Wald.

Sobald wir auf der Alm angekommen waren, richteten wir uns ein, so gut es ging, während die Kühe in den restlichen hellen Stunden des Tages ihr erstes üppiges Mahl aus den frischen und duftenden Gräsern der Hochweide genossen. Anfangs stopften sie sich voll wie Kinder, die sich auf eine Geburtstagstorte stürzen. Gierig rasierten sie das Gras ab, sodass die Wiese hinterher aussah, als sei sie frisch gemäht worden. Abends banden wir die Tiere im Stall an. Jedes hatte dort seinen festen Platz bis zum Ende der Almsaison. Damit er den Platz nicht verwechselte, hieb der Senn mit dem Beil einen kleinen Span von dem Balken ab, an dem sie festgebunden wurden. Auf den so entstandenen Flecken weißen Holzes schrieb er mit blauem Kopierstift ihre Namen: Bianca, Serena, Vecia, Bizzarra, Tosta und so weiter.*

Doch damit war dieser ebenso anstrengende wie irritierende Tag noch nicht vorbei. Eine letzte Mühe erwartete uns noch: das Melken. Mein Bruder ging voran, um die Kühe darauf vorzubereiten. Seine einfache Aufgabe bestand darin, ihnen das Euter zu massieren, bis die ersten Tropfen Milch kamen. Der Alte und ich gingen hinterdrein, um sie zu melken. Wir sammelten die kostbare Flüssigkeit, die wir mit unseren Fingern aus ihnen herauspressten, in großen Aluminiumeimern. Diese hielten wir, auf

* Weiße, Lustige, Launenhafte, Zickige, Dickkopf etc. (A. d. Ü.)

wackeligen, einbeinigen Hockern aus Holz sitzend, zwischen den Oberschenkeln fest.

Am ersten Abend aßen wir nur Milch und Brot. Der Aufstieg, das ganze Durcheinander, die Sachen, die verstaut, und die Tiere, die versorgt werden mussten, sowie das Allerwichtigste, nämlich das Einrichten der Hütte, ließen uns keine Zeit zum Kochen. Endlich, so gegen zehn Uhr abends, gingen wir schlafen. Eine melancholische Stille kehrte ein, die untrennbar zu diesen weit abgelegenen, einsamen Orten gehörte. Im schwachen Schein der Kerze ließen wir unseren Gedanken freien Lauf, und das Heimweh meldete sich schon. Wir waren fern von unseren Kameraden. Der Abschied von der Familie war kurz und hart gewesen. Nur die gütigen Gesichter der Großeltern lächelten hinter uns her und riefen uns nach, wir sollten auf uns Acht geben. Endlich, im Halbdunkel, lösten sich die Tränen, und wir weinten leise und ohne Hoffnung vor uns hin. Dann verschwand auch der Schatten des Almhirten, der noch ein paar letzte Handgriffe erledigte, aus unserem Blickfeld, und ein wohltuender, tiefer Schlaf löschte die traurigen Gedanken aus unserem Kopf.

Am Morgen standen wir um halb fünf auf. Mit einer gewissen Schadenfreude nahm der Alte einen Stock, schlug damit auf eine viereckige Blechbüchse und holte uns so aus dem Schlaf. Wie heute sehe ich noch die Firmenaufschrift vor mir, die auf der einen Seite prangte: R. Nobili Gallarate. Diese Dose hasste ich von ganzem Herzen. Der unglaubliche Krach, den dieses ungewöhnliche Instrument hervorbrachte, riss uns brutal aus dem Schlaf. Man konnte sich einfach nicht daran gewöhnen. Das Aufwachen schien uns am Ende der drei Monate genauso abrupt und schrecklich wie am Anfang.

Nach dem kargen Frühstück, bestehend aus Malzkaffee, Milch und Polenta mit Butter, kam wieder die mühselige Prozedur des Melkens. Im Anschluss daran halfen wir dem Senn beim Butter- und Käsemachen. Diese Aufgabe fiel immer mir zu, denn der Alte war der festen Meinung, dass ich kräftiger sei als mein Bruder, der ein Jahr jünger war als ich. Und so musste ich fast eine Stunde lang Butter schlagen, das heißt, ich bewegte den Stößel des Butterfasses, einen langen Holzstampfer, mit der bloßen Kraft meiner Arme ständig auf und nieder, wobei mein Bruder mich ab und zu für kurze Zeit ablöste. Je dicker die Butter wurde, desto kraftraubender gestaltete sich dieser Vorgang. Vielleicht habe ich deshalb heute einen ganz soliden Bizeps. Das Butterrühren hatte nur ein Gutes: Jedesmal, wenn der Stößel sich senkte, schwappte aus dem Butterfass ein wenig Sahne heraus, die man mit dem Zeigefinger blitzschnell aufschlecken konnte.

Gegen acht Uhr waren wir mit der Milchverarbeitung fertig. Endlich konnten wir die Kühe losbinden, und damit waren auch wir frei. Das gab zuerst einen gewaltigen Auflauf, da sie alle durcheinander rannten, und ihre Glocken einen ziemlichen Lärm verursachten, doch danach trabten die älteren wie magisch angezogen zu ihrem Lieblingsplatz. Sie tauchten die weichen Mäuler ins taufeuchte Gras und kauten bis zum Abend still und langsam vor sich hin. Die jungen Kühe hingegen, Inbegriff der Jugend und Sorglosigkeit, trieben uns regelmäßig zur Verzweiflung. Sobald man sie von der Kette ließ, sprangen sie hierhin und dorthin, und entschwanden bald unseren Augen. Dann liefen wir, nach der harten Schelte des Almhirten, den ganzen Tag in den Bergen herum, und horchten mit gespitzten Ohren auf das Läuten der Schellen. Sobald wir die Flüchtigen gestellt hatten, brachten wir sie wieder zurück zur Herde.

Das wehmütige Rufen eines vereinzelten Kuckucks begleitete unseren einsamen Tag, sodass wir das Alleinsein noch stärker spürten.

Dabei konnte es geschehen, dass nach langen Stunden des Suchens (denn ein paar der jungen Kühe kletterten weit hinauf, manchmal bis zu den Gravine del Duranno) eine der Kühe nicht zurück wollte und erneut versuchte, auszureißen.

Dann ergriff uns eine fast besinnungslose Wut, die mich heute noch, nach gut dreißig Jahren, ob ihrer Gewalt erschüttert: Alle Demütigung, Anstrengung, alle Mühen und Schmerzen brachen sich Bahn und führten den Stock, den wir bei uns trugen. Wir schlugen wie wild auf die armen, jugendlichen Rebellinnen ein. Und das kurze Fell hob sich unter jedem Schlag und hinterließ einen langen, braunen Strich. Hätten wir in diesen Augenblicken des leidenschaftlichen Hasses Feuerwaffen gehabt, wir hätten vermutlich losgeballert.

Nach solchen Ausbrüchen kehrte die Vernunft wieder ein und mit ihr eine tiefe Reue über die Brutalität, die Würdelosigkeit, mit der wir auf diese Tiere mit den wehrlosen, sanften Mienen mit den unschuldigen, wässrigen Augen losgegangen waren. Doch dienten diese Vorfälle weder uns noch den Kühen zur Lehre, denn sie wiederholten sich unvermeidlich Tag für Tag. Erst als ich älter wurde, gelang es mir allmählich, diese primitiven Instinkte, die sich auch heute noch in bestimmten Situationen mit Macht melden, unter Kontrolle zu bringen.

Der Almhirte war ganz in Ordnung. Obwohl er im Dorf als übler, hinterlistiger und zynischer Typ verschrien war, als herzloser Betrüger und Geizhals, habe ich ihn in guter Erinnerung. Solange ich für ihn gearbeitet habe, hat es uns auf der Alm nie an etwas gefehlt. Die Leute munkelten zwar, dass er uns nicht genug zu essen gebe, aber das stimmte nicht; zu essen hatten wir immer reichlich. Wenn er ins Dorf hinunterging, brachte er uns sogar Süßigkeiten mit, die seine Frau gemacht hatte. Er sprach nur selten, aber was wichtig war, brachte er uns mit wenigen Worten bei, manchmal gar nur mit einer Silbe oder Geste.

Sobald er merkte, dass ich in Gefahr geriet, sagte er nur: »Nicht dorthin.«

Und das war's. Den Sinn des Verbotes zu begreifen war meine Sache.

Mitunter habe ich es teuer bezahlt, wenn ich ihm nicht geglaubt habe. Wie an dem Tag auf der Bedin-Alm, als ich trotz seines »Halt!« weiterging und mit den Kühen einen alten, verlassenen Hohlweg einschlug. Ein paar Minuten später schoss ich entsetzt daraus hervor, eingehüllt in eine Wolke von Wespen, die mir ins Gesicht stachen. Die Kühe hatten das Nest gestreift und es abgerissen. Er hatte gewusst, dass es so kommen würde, und mich entsprechend gewarnt.

Mein Gesicht war zu einer grässlichen Maske angeschwollen, so hatten diese schrecklichen Biester mich zerstochen, doch er sagte nur:

»Ich habe dich gewarnt, nicht dort reinzugehen.«

Vielleicht war es sein hartes, strenges Leben, das ihn so wortkarg gemacht hatte.

Mit all der Arbeit vergingen die Tage auf der Alm wie im Flug. Nach den ersten Wochen waren auch Heimweh und Melancholie überwunden, und wir lebten in vollkommenem Gleichklang mit der Natur. Wäre nicht das Jungvieh gewesen, diese ewigen Ausreißerinnen, die unermüdlich rannten und rannten, voll unersättlicher Neugier auf alles Neue, dann wäre das Hirtenleben ein glattes Vergnügen gewesen.

Auf der Weide waren wir immer in freier Natur. Das Buttern und das Holzhacken ersetzten uns die Gymnastik. Unsere Wettläufe veranstalteten wir mit den Kühen. Auch das Gewichtheben kam nicht zu kurz, wenn wir große Bündel Holz herbeischafften. Und da wir dies bei jedem Wetter machten, bekamen wir ein ausgezeichnetes Überlebenstraining. Auf unseren täglichen »Bergtouren« legten wir uns manchmal stundenlang einfach ins feuchte Gras des Waldes und lauschten den Stimmen der Natur. Die mächtigen Bäume hatten ein wohlwollendes Auge auf uns, während wir auf das Rascheln ihres Laubes im Wind horchten. Die Vögel sprangen ohne jede Scheu von Ast zu Ast, als wollten sie sich vorstellen und uns kennen lernen. Und in den fernen Buchenwäldern sang der letzte Kuckuck sein melancholisches Abschiedslied. In diesen Augenblicken erlebten wir einen Frieden und eine Klarheit, die aus dem Kontakt mit den geheimnisvollen Kreaturen der Schöpfung erwuchsen. Ohne ein Wort verstanden wir die Schönheit der Natur und das Wesentliche des einfachen Lebens.

Am 24. August, dem Namenstag San Bartolomeos, des Patrons von Erto, durften wir zum Feiern ins Dorf hinabsteigen. Am Morgen danach allerdings hatten wir uns wieder pünktlich auf der Alm einzufinden, von neuem in der Einsamkeit mit dem schweigsamen Hirten. Dieser kurze Ausflug nahm uns mehr, als er uns gab. Für einen kurzen Moment waren die Dinge, die wir liebten, uns wieder ganz nah, doch schon nach wenigen Stunden mussten wir uns erneut davon trennen und die sangesfreudige, heitere Welt der *Sagra,* des ländlichen Volksfestes, hinter uns lassen.

Meinem Bruder lag das Hirtenleben nicht besonders. Vielleicht waren es gerade die Mühen und Entbehrungen der Alm, die in ihm die Idee reifen ließen, einmal fortzugehen, dorthin, wo es Menschen gab und Wohlstand.

Hätte er eine bessere Wahl treffen können als die reiche und üppige Welt der Eisdielen? Jedenfalls besiegelte diese Entscheidung sein Schicksal. Nachts, wenn ich an ihn denke, stelle ich mir gerne vor, dass er – während er mit nur 17 Jahren in einem Schwimmbad in Deutschland sein Leben verlor – vielleicht einen Augenblick lang an diese unbeschwerten Tage unseres Hirtenlebens dachte, als wir drei Brüder in den Wäldern von Val Zemola dem Jungvieh hinterherliefen.

Im Sommer 1963 war ich Hütejunge auf der Pezzei-Alm. Jeden Morgen brachte ich den Arbeitern am Südhang des Monte Duranno Milch, die dort eine neue Schutzhütte errichteten. Am 25. August desselben Jahres wurde die kleine Hütte eingeweiht. Es gab ein Fest mit vielen Besuchern. An diesem Tag kamen zwei Bergsteiger auf unsere Alm, die mittlerweile ins Mailänder Menschengewühl ausgewandert sind. Sie nahmen mich auf den Monte Duranno mit, und nachmittags gingen wir auf das Einweihungsfest. Ich war erst 13 Jahre und hatte an diesem Tag meinen ersten Aufstieg mit dem Seil erfolgreich absolviert, was ein ausreichender Grund für den ersten Rausch meines Lebens war. Etwa einen Monat später zerstörte der Monte Toc die natürlichen Rhythmen unseres Lebens im Tal, als er in den Stausee des Vajont stürzte. Dieses Ereignis veränderte das Dasein der Überlebenden von Grund auf. Es gab nichts mehr zu tun, man konnte nur noch warten. Keiner hatte mehr Lust, etwas zu machen.

Auch unser Almhirt war zum Nichtstun verdammt. Er ging in diesen Tagen des Chaos einfach verloren, und sein Handwerk mit ihm. Brennnesseln überwucherten die Almhütten. Die Holzschindeln verfaulten innerhalb weniger Jahre, und dann kam das Wasser durchs Dach. Außer den traurigen, weißen Mauern ist von den Orten, die ich noch so lebhaft im Gedächtnis habe, nichts mehr geblieben. Und trotzdem gibt es etwas, was über die bloßen Erinnerungen hinausgeht, und sei es nur die Überzeugung, dass man durchhalten müsse, sich nicht unterkriegen lassen dürfe, egal, in welcher Situation: Und manchmal bewertet die Zeit neu, was das Leben in uns zurücklässt, und wir erkennen nach Jahren etwas für gut und richtig, was wir in der Jugend hassten.

Wenn ich an diese Tage denke, die wir in ständigem Einklang mit der Natur und den Tieren verbrachten, fällt mir ein Passus aus den Gedichten von Walt Whitman wieder ein, der meine Brust mit Stolz erfüllt. Er lautet:

Jetzt sehe ich das Geheimnis,
die besten Menschen zu schaffen,
Es heißt: Wachs auf in freier Luft
*und iss und schlaf mit der Erde.**

Das Schwein

Will man auf dem Dorf die Erinnerung an Geschehnisse oder Fakten wachrufen, bezieht man sich gerne auf die größeren Ereignisse, welche die Zeit, in der eine Geschichte spielt, prägten. So heißt es dann: »vor dem Krieg«, »nach dem Krieg« oder »vor dem Erdbeben«, »nach dem Erdbeben«.

Auf diese Weise ist der Zuhörer gleich im Bilde, von welcher Zeit die Rede ist. In unserem Tal gibt es ein Datum, das neben denen, die wir tragischerweise alle erfahren haben, wie zum Beispiel die Jahre des Krieges, unser Leben besonders beeinflusst hat. Mit einem schmerzhaften Schnitt hat es uns aus einer archaischen, von uralten Gesetzen klar gelenkten Welt herausgerissen und unver-

* Aus: »Der Gesang der Landstraße«, in: *Walt Whitman's Werk,* München-Zürich 1960, S. 222.

mittelt in ein chaotisches, wirres Universum geworfen, dem wir völlig fremd gegenüberstanden. Gemeint ist der Tag, an dem das Unglück vom Vajont geschah.

Nach dieser Tragödie war nichts mehr wie vorher. Unsere althergebrachten Traditionen und Riten verschwanden einfach. Als das Chaos losbrach, dachten wir noch, man könne die alten Gewohnheiten einfach nur kurzfristig beiseite legen, um dann, wenn alles wieder seinen geregelten Gang nahm, zu ihnen zurückzukehren. Doch so war es nicht. Gerade weil sie alt sind, haben Traditionen gläserne Knochen. Sind sie einmal gebrochen, wachsen sie nur schwer wieder zusammen.

Natürlich pflegen wir auch heute noch bestimmte Bräuche, aber diese sind mittlerweile von nüchternen und nützlichen Erwägungen bestimmt. Die Wärme, die Magie und der Zauber von einst fehlen. Vielleicht sind es auch wir selbst, die den Geist der Zeit »vor dem Vajont« verloren haben.

Früher waren die Tage vor Weihnachten erfüllt von einer ungewöhnlichen Erregung. In den Augen der Kinder glänzte stumm eine einzige Frage:

»Wann?«

In diese festlichen Tage nämlich fiel ein Blutopfer, das Tod und Leben gleichzeitig bedeutete: Es war die Zeit, in der das Schwein geschlachtet wurde.

Den Schlachttag bestimmte der Mondkalender, denn geschlachtet wurde nur bei abnehmendem Mond. Ein Jahr lang zog man das Schwein voller Liebe und Fürsorge auf. Es galt als Familienmitglied, und häufig gab man ihm sogar einen Namen. Deshalb war uns Heranwachsenden das Verhalten der Großen ein Rätsel. Warum – so fragten wir uns – war es zu Weihnachten auf einmal mit der Liebe und Achtung, die man dem Tier das ganze Jahr über erwiesen hatte, vorbei? Angesichts dieser Tatsache kamen uns Zweifel, ob sie nicht immer schon gelogen hatten. Ob ihr wahres Gesicht nicht das harte, entschlossene, mitleidlose war, das sie aufsetzten, wenn sie unseren Freund töteten. Denn das Schwein war wirklich unser Freund geworden. Es war mit uns aufgewachsen, und wir waren es gewesen, die ihm zu bestimmten Tageszeiten sein Futter brachten. Täglich gingen wir mit ihm spazieren und zogen es auf der grasbewachsenen Straße an der alten Kirche von San Rocco hinter uns her. Manchmal putzten wir es auch mit einer rauen Bürste.

Das Schwein ist ein intelligentes und sensibles Tier. Wenn man es von früh auf an den Menschen gewöhnt, wird es treu und verspielt wie ein Hund. Unser Schwein spielte in den langen Monaten, die seinem Ende vorausgingen, fröhlich mit uns. Hin und wieder hielten wir inne, weil wir an sein Ende denken mussten. Wir wussten, welches Schicksal es erwartete, und es tat uns Leid. Wir sahen einen Helden in ihm, einen Märtyrer, und dieses Bewusstsein verstärkte noch die Achtung und Sorge, die wir dem Tier während seines kurzen Erdenlebens widmeten. Doch um den 20. Dezember herum wurden im Haus die ersten Stimmen vernehmbar, die den Schlachttag festlegten, und wir Kinder wussten nur zu gut: Sein Ende war gekommen.

Draußen war es dunkel und der Morgen graute noch lange nicht, als wir, versteckt unter unseren dicken Federbetten, hörten, wie unten im Haus Holz gehackt wurde. Die Schläge hallten von den Steinfliesen wider, und das eben entzündete Feuer knackte so laut, dass man es durch die Holzdecke bis in unser Zimmer hörte. So wachten wir auf. Verschlafen stiegen wir die Treppe hinab und sahen den riesigen Kessel voll Wasser, der über dem Feuer hing. Auf der Kaminbank waren auf einem Tuch an die zwanzig Messer in den verschiedensten Formen ausgebreitet. Nun gab es keinen Zweifel mehr.

Unter dem Vorwand, auf die Toilette zu müssen, die nahe beim Stall lag, trabten wir, tief vermummt, zum Schweinestall, um unseren Freund noch ein letztes Mal zu begrüßen. Es heißt, Schweine seien begabt mit irgendwelchen mystischen Fähigkeiten und würden ahnen, wann ihr letztes Stündlein geschlagen hat, zumindest mehr als andere Tiere. Wenn dies der Fall war, dann versteckte unser todgeweihter Freund seine Furcht sehr gut, denn ich habe in diesen Augenblicken nie auch nur ein einziges Anzeichen von Angst an ihm bemerkt.

Während unseres kurzen Abschiedsbesuches benahm es sich wie immer: Es hüpfte fröhlich hoch, drückte mit dem Rüssel gegen die Bretter seines Verschlages und grunzte voller Freude. Vielleicht versteckte es ja seine Angst, um uns nicht zu betrüben.

In der Zwischenzeit kamen die Männer an, die sich aufs Wurstmachen verstanden. Sie betraten ein vom großen Feuer unter dem Wasserkessel angenehm beheiztes Haus. Man bot ihnen Kaffee oder Grappa an, oder auch beides zusammen. Wir Kinder waren still in unsere Gedanken versunken. Manchmal versuchten wir, in den Gesichtern zu lesen, in denen niemals auch nur das geringste Mitleid mit dem zu tötenden Tier oder gar Gewissensbisse zu erkennen waren. Ganz im Gegenteil, die Männer rissen Witze und lachten laut. Wir hätten sie gerne ein wenig ernster gesehen, schon aus Respekt vor unserem Freund, den der Tod erwartete. Ich aber erinnere mich, dass sie bei den merkwürdigsten Witzen in Gelächter ausbrachen und sich in vulgären Beschreibungen des weiblichen Körpers ergingen, der uns damals noch unbekannt war. Auf diese Weise enthüllten sie uns ungewollt und auf derbe Art und Weise die Geheimnisse der Sexualität.

Sobald es Tag wurde, machten die vier stämmigsten Männer sich auf, um das Tier aus dem Stall zu holen. In diesem Moment überfiel uns eine leichte, mit Angst vermischte Beklemmung, aber wir gaben uns natürlich Mühe, dies nicht zu zeigen, weil wir nicht ausgelacht werden wollten. An einem kurzen Seil, das sie ihm um den Rüssel geschlungen hatten, zogen sie das Tier zu dem Ort, an dem es geopfert werden sollte. Uns schien es immer, als werfe es uns aus seinen kleinen, lebhaften Augen einen letzten Blick zu.

Wir hofften, dass alles schnell vorübergehen würde.

Mein Großvater schwang das Messer. Er führte diese Aufgabe aus bis zu seinem Tode und wurde zu diesem Zweck auch von anderen Familien geholt. Er tötete die Schweine mit einem langen, besonders scharf geschliffenen Bajonett. Andere berühmte Schweinetöter waren Pietro aus der Frambol-Familie und Giulio, der zu den Batocia gehörte.

Wir Kinder waren betroffen darüber, dass unser Großvater, der immer so liebevoll zu uns war, sich auch auf die Kunst des Tötens verstand.

Sie legten das Schwein mit dem Kopf auf einen Stein und hielten es zu viert fest. Ein Fünfter kniete sich mit einem Eimer direkt vor das Tier. Inzwischen waren auch andere Kinder gekommen, die bei dem Ereignis zusehen wollten. Die fünf gaben ein Zeichen, und schon näherte sich der Schlächter. Seine Ruhe und Entschlossenheit sind mir bis heute im Gedächtnis geblieben. Fast als mache es ihm Spaß, senkte er die lange Klinge in den Hals des Tieres und suchte mit dem Stahl das Herz.

Die Schreie des fest gehaltenen Schweins wurden immer ohrenbetäubender und schrecklicher. Das Blut floss in Strömen warm und dampfend in den Eimer, den der Mann auf Knien unter das Tier hielt. Die Lebenskraft des Tieres war so stark, dass das Blut weit davonspritzte und den Schnee mit grauenvollen rötlichen Flecken bedeckte. Die Szene dauerte nur wenige Minuten. In der kalten Winterluft gingen vom warmen Körper des sterbenden Wesens dichte Dampfschwaden aus.

Dann war alles vorbei, und das arme Schwein konnte nicht mehr um sich treten. Wie bei finsteren Stammesriten reichten die Männer sich die Schüssel mit dem dampfenden Blut und tranken. Danach kamen wir an die Reihe. Wir hatten keine Wahl: Dies würde uns zu Männern machen, sagten sie. Ich musste dieses Ritual als Vierzehnjähriger noch einmal vollführen. Als ich meine erste Gämse erlegte, zwangen mich die alten Jäger, ihr Blut zu trinken; so wollte es der Brauch.

Ich werde mich bis an mein Lebensende an die Öligkeit und den süßlichen, ekelerregenden Geschmack des lauwarmen Schweineblutes erinnern. So wie ich niemals den widerlichen Geschmack des Rizinusöls vergessen werde, das mein Vater mich zur Strafe trinken ließ, wenn ich etwas angestellt hatte. Hätte es damals schon Kinderschutzbestimmungen gegeben, wären sie alle hinter Gittern gelandet.

Unmittelbar nach der Tötung wurde Pause gemacht, und die Frauen servierten den Arbeitenden Glühwein. Während sie tranken, schritten die Männer mit geneigtem Kopf um das Tier herum und versuchten, sein Gewicht abzuschätzen.

Nachdem sie sich gestärkt hatten, hoben sie das Schwein auf und legten es mit dem Bauch nach unten und weit gespreizten Beinen auf einen massiven Tisch, der nur zum Schlachten da war. Dann schütteten ein paar Männer mit Eimern kochendes Wasser über den Kadaver, damit die anderen, die mit den Messern bereitstanden, die Borsten leichter von der Schwarte rasieren konnten. Auch die Beine wurden in kochendes Wasser getaucht, und einer der Männer zog mit einer Zange die Klauen von den Schweinsfüßen, sodass nur noch blutige Stümpfe da waren. Diese Prozedur jagte uns Schauer über den Rücken, weil wir uns vorstellten, mit uns würde dasselbe gemacht.

Was nun von unserem Freund noch übrig war, wurde an den Hinterbeinen an einem Querbalken aufgehängt. Der Messerexperte kam herbei und schnitt mit der Geschicklichkeit eines Chirurgen den Leib des Tieres von oben nach unten auf. Er benutzte dabei nur die Messerspitze und achtete darauf, dass die Eingeweide nicht verletzt wurden. Mit einer langsamen, drehenden Bewegung kamen dort, wo eben noch seine Hand gewesen war, die dampfenden Därme zum Vorschein, und wanden sich spiralförmig zu Boden. Dann wurde der Kadaver gewaschen und abgetrocknet, mit einer großen Baumaxt in vier Stücke zerteilt, in einzelne Teile zerlegt und ins Haus gebracht. Mit jedem weiteren Arbeitsschritt verlor der ursprüngliche Körper immer mehr von seiner Ähnlichkeit mit dem lebendigen und fröhlichen Tier. Wir sahen seiner Auflösung zu, und Resignation verdrängte allmählich die Traurigkeit der vorangegangenen Stunden.

Später habe ich viel darüber nachgedacht, wie schnell ein junger Mensch mit Schmerz fertig wird, sobald man ihn vor vollendete Tatsachen stellt.

Im Haus hatte jeder seine fest umrissene Aufgabe und diese gab den Rhythmus der Arbeit an: Der eine kümmerte sich um das magere Fleisch, der andere um den Speck, der Dritte um die Abfälle. Einer putzte die Därme, ein anderer richtete das Rindfleisch zu, das mit in die Würste kam. Die ganze Zeit über loderte unter dem Kessel das Feuer, damit wir immer heißes Wasser hatten. Das Wurstbrät machten wir mit der Hand. Dazu hatten wir einen riesigen Fleischwolf, den wir Kinder drehten. Dabei stachelten uns die Erwachsenen mit ihren Bemerkungen immer zu einem dummen Wettkampf an, wer denn von uns am längsten die Kurbel drehen könne. Sie taten so, als würden sie sich miteinander unterhalten und warfen sich dabei Sätze zu, die uns anspornen sollten:

»Mauro ist stärker als Carlo.«

»Silvio hält länger durch als Bepino.«

»Richetto ist viel geschickter als Felice.«

Unerfahren und naiv wie wir waren, ließen wir uns aufstacheln. Wie verrückt drehten wir die Kurbel, nur um zu beweisen, dass wir stark waren. Und die Erwachsenen, die sich die Arbeit sparten, lachten sich ins Fäustchen.

Am Abend des zweiten Tages war alles vorbei. Unser Freund hing, hübsch zu Würsten verarbeitet, an weißen Ruten aus Haselnussholz von der Decke. Im Kamin waren die Knochen des Tieres zum Räuchern aufgehängt. Es ging nicht eine Faser Fleisch verloren, denn die Knochen wurden minuziös abgeschält, um die dicken Suppen im Winter zu würzen.

An diesen Tagen schneite es meist, und weihnachtliche Stimmung begann die Menschen einzuhüllen, die abends um den Kamin saßen. Die Alten rauchten Pfeife und erzählten von ihrer – unweigerlich traurigen – Vergangenheit.

Ich kann mich noch gut an einen dieser gestandenen Männer erinnern. Er nahm zum Anzünden der Pfeife ein Stück leuchtender Glut mit den Fingern auf und hielt sie in den Pfeifenkopf, wo er sie mit dem Daumen abdeckte, während er gleichzeitig munter weiter erzählte und an der Pfeife sog. So lange, bis aus dem Kopf endlich der Faden blauen Rauches aufstieg, der zeigte, dass der Tabak brannte. Wir versuchten, es ihm gleichzutun und unseren Schmerz zu bezähmen, während wir mit bloßen Händen glühende Kohlen aus dem Feuer holten. Aber unsere jungen Finger widerstanden der Hitze nur für Sekundenbruchteile. Der Alte hingegen hatte von der langen Übung verbrannte Fingerspitzen.

Bevor wir hinauf zum Schlafen gingen, beteten wir den Rosenkranz. Monoton und in einem Latein, das mich heute noch zum Lachen bringt, wenn ich daran denke, sprach eine der Frauen uns vor. Sie verdrehte die Worte und machte einen Fehler nach dem anderen, doch ich glaube, in den Augen des ewigen Vaters wiegt dieses Gebet genauso wie jedes andere, denn der Glauben dieser Menschen war stark und groß.

Zum Schluss fügte meine Großmutter, die weder lesen noch schreiben konnte, ein kurzes Gebet hinzu, in dem sie Gott für all den Überfluss dankte. Dabei richtete sie ihre Augen auf die an der Decke hängenden Würste. Dann bedeckte sie die Glut im Kamin mit Asche, damit sie am nächsten Tag das Feuer wieder anschüren konnte, und zeichnete mit der Nase des Blasebalgs ein Kreuz auf den kleinen Haufen, um das Haus in der Nacht vor bösen Geistern zu schützen.

Wenn die Nacht von den bis an den Rand des Himmels mit Schnee bedeckten Bergen herniederstieg, gingen wir zu Bett und träumten vom bevorstehenden Weihnachtsfest und all den Wundern, die es uns bringen sollte.

MENSCHEN

Die ersten Schuhe

Bis zur Tragödie am Vajont hatte ich noch nie ein paar Schuhe mein Eigen genannt. Wir Bergkinder trugen *scufòns*. Sie wurden von den Frauen mit der Hand genäht, die geduldig Stoffschicht um Stoffschicht aufeinander hefteten, um eine feste Sohle zu schaffen. Das Oberteil hingegen bestand aus schwarzem Samt, der innen mit robustem Segeltuch unterfüttert war. Die Spitze zierte ein gesticktes Blümchen in kräftigen Farben, das je nach Ort unterschiedlich war, sodass man immer erkennen konnte, aus welchem Tal eine Person stammte.

Zum Laufen waren die *scufòns* wirklich praktisch. Man schlüpfte einfach hinein und los ging's. Sie hatten ja keinerlei Schuhbänder. Der Verschleiß war allerdings enorm. Unsere Großmutter musste sich schon anstrengen, wenn sie all ihre Enkelkinder mit Schuhwerk ausrüsten wollte, denn da wir ununterbrochen durch den Wald und über die Felsen sausten, lebten die Stoffschuhe nur ein paar Tage. Da kam ihr eines Tages eine fromme, taubstumme Tante zu Hilfe, die nie geheiratet hatte. Sie war so gläubig und hilfsbereit, dass man sie im Dorf geradezu für eine Heilige hielt. Diese Tante gab mir in der Nacht, als der Monte Toc ins Wasser des Vajont rutschte, die Gelegenheit, eine Tat zu vollbringen, auf die ich heute noch stolz bin. Bei dem schrecklichen Getöse, das der Erdrutsch auslöste, flohen wir alle wie die Hasen. Ich rannte mit der Großmutter davon; einen Bruder an der Hand, den anderen auf dem Rücken rettete ich mich auf einen Hügel. Mein Vater war schon seit einer Woche auf der Jagd in den Bergen. Die alte, taubstumme Tante blieb allein im Haus zurück, sie hatte als Einzige nichts bemerkt.

Keiner wollte von den Almen, auf die wir geflohen waren, wieder hinunterklettern, um sie zu holen. Ich mochte sie gut leiden: Sie kümmerte sich um uns, wusch uns die Kleider und sorgte für uns, da unsere Mutter schon vor Jahren den Weg in ferne Städte gesucht hatte. Also kehrte ich ohne zu zögern ins Haus zurück, das immer noch unter Windstößen bebte. Die Angst lähmte mich fast, trotzdem schaffte ich es, die Alte aus der gefährlichen Situation zu befreien.

Sie war es, die mit flinker Hand die *scufòns* der Familie nähte. An den langen Winterabenden saß sie am Feuer, die Tuchfetzen für die Sohle im Schoß, und führte Nadel und Faden, ohne auch nur einmal den Kopf zu heben. Oder sie nähte mit der kleinen Singer, die noch eine Handkurbel hatte und auf der Ofenbank stand, das Oberteil, das sie zuerst aus glattem, schwarzem Samt zugeschnitten hatte, damit später die Blume umso strahlender darauf leuchten konnte. Auf diese Weise füllte sie den ganzen Winter mit Arbeit, da sie ja wusste, dass wir, sobald der Frühling nahte, hinausstürmen und in wilder Jagd auf- und ablaufen und dies bescheidene Schuhwerk zerfetzen würden. Im Winter trugen wir nur Holzschuhe, die mein Großvater, ein geschickter Handwerker, kunstvoll selbst herstellte. Der Schnee fiel langsam, dicht und still, und wir lehnten am Fenster, selbst still geworden, und sahen dem gemächlichen Treiben zu. Manchmal mischten sich Erinnerungen an den fernen Sommer darunter, während vom Hackklotz her die rhythmischen Schläge der Axt, die mein Großvater mit geübter Hand schwang, die Stille des Winters unterbrachen.

Aber wir hatten auch noch ein Paar Holzgaloschen, deren Sohle extra glatt gehobelt war. Diese benutzten wir als Schlittschuhe für die gefährlichen Strecken auf den steilen, vereisten Sträßchen des Dorfes. Dabei erlangten wir im Laufe der Zeit eine solche Geschicklichkeit, dass die Seiltänzer im Zirkus uns beneidet hätten, hätten sie uns je gesehen. Bei meinen späteren Bergtouren kam mir diese Fertigkeit sehr zugute.

Bis zum Oktober 1963 war dies unser einziges Schuhwerk.

Ganz stimmt das allerdings nicht. Ich hatte schon einmal ein Paar Schuhe mein Eigen genannt. In der Nähe des Dorfes war eine Müllhalde. Um ehrlich zu sein, gab es nicht nur diesen einen Müllplatz, denn die reine Flamme der Ökologie leuchtete den Menschen damals noch nicht, und so warfen sie das bisschen Abfall, das ihr Alltag mit sich brachte, einfach irgendwohin. Und wir Kinder stöberten immer im Müll herum, denn mit ein wenig Glück fand man ja etwas, was noch brauchbar war. Und was noch wichtiger war: Wir fanden dort auch ausgequetschte Tomatenmarktuben. Wenn man sie kräftig zusammendrückte, kamen meist noch ein paar Zentimeter Mark heraus. Vielleicht habe ich mir die nötigen Antikörper gerade auf diesem Tummelplatz der Mäuse geholt, denn ich hatte noch keine einzige Infektion und erfreue mich bis heute bester Gesundheit.

Auf solch einer Müllhalde fand ich eines Tages im Sommer mein erstes Paar richtiger Schuhe. Den ersten sah ich sofort, nach dem zweiten musste ich ganz schön lange suchen. Es war ein Paar Stiefelchen mit eckiger Spitze in hellem Braun. An der Außenseite saß eine hübsche Schnalle, Schnürsenkel gab es nicht.

Dem linken fehlte die ganze Sohle, am rechten war die eine Randnaht völlig aufgegangen.

Ich trug sie nach Hause und zeigte sie stolz meinem Großvater, der glaubte, sie reparieren zu können. Er machte sich sofort an die Arbeit. Der alte Mann war geschickt, mit den Händen konnte er fast alles. Er besorgte sich bei einem Schuhmacher im Dorf eine gebrauchte Sohle und befestigte sie mit winzigen Nägelchen am Schuh, während ich ihn nicht aus den Augen ließ.

Dann nahm er Zwirn, den er durch Seife gezogen hatte, und nähte mit der Ahle die Sohle rundum fest. Am Ende schnitt er mit dem Messer den überstehenden Teil ab, und schon war ein Stiefel für mich fertig. Der Großvater reparierte auch den anderen Schuh, indem er die Naht wieder schloss, sodass der Schuh kein klaffendes Maul mehr hatte.

Einen Tag, nachdem ich sie gefunden hatte, waren die Schuhe wieder in Ordnung, und ich schlüpfte hinein, um sie zu probieren. Sie waren mir ein bisschen zu groß, aber mit zwei Paar dicken Socken passten sie wie angegossen. Ich strahlte übers ganze Gesicht. Der Alte hatte sie mit Schweineschwarte eingerieben, die wir immer an der Decke hängen hatten. So sahen sie fast neu aus.

Aber die Freude über mein erstes echtes Paar Schuhe, das denen ähnelte, die ich immer in den Schaufenstern von Longarone sah, wenn ich mit meinem Vater die Fuchsfelle und Birkhähne verkaufen ging, sollte nur von kurzer Dauer sein. Gegen Abend stand ich stolz auf dem winzigen Marktplatz des Dorfes, zusammen mit den anderen Kindern, mit denen ich spielte, als plötzlich eine Frau so um die Vierzig auf mich zukam, die mich schon die ganze Zeit beobachtet hatte. Sie richtete den Blick einen Augenblick lang auf meine Füße. Dann stieß sie im sicheren und verächtlichen Ton dessen, der kein Erbarmen kennt, hervor:

»Das sind meine Schuhe.«

Ich spürte, wie ich vor Scham über die Demütigung ganz bleich wurde, und versuchte mich herauszureden, wie ein Kind mit elf Jahren es eben tut.

»Ich weiß nicht«, antwortete ich. »Ich habe sie am Valdenerefluss gefunden. Jemand hat sie weggeworfen.«

»Ich weiß«, gab die Frau zurück. »Ich selbst habe sie dorthin geworfen, und du hättest sie dort lassen müssen.«

In meinem Alter war mir Gehässigkeit um ihrer selbst willen noch fremd, daher überkam mich eine enorme Furcht, etwas angestellt zu haben.

»Wenn du willst, gebe ich sie dir wieder«, flüsterte ich, eingeschüchtert angesichts dieses Vorwurfs, während gleichzeitig eine enorme Wut mir sagte, dass ich mich auf dieses Frauenzimmer stürzen sollte.

»Ja. Gib sie gefälligst zurück«, antwortete das Weib, boshaft ihre Macht genießend. »Und zwar schnell, sonst hole ich die Carabinieri.«

Bei diesen Worten dachte ich an meinen Großvater. Ich sah ihn bereits ins Gefängnis wandern. Ohne ein Sterbenswörtchen schnürte ich die Stiefel auf, langsam, denn ich hoffte, dass irgendein Erwachsener mir zu Hilfe kommen würde. Doch in diesem Moment waren nur Kinder auf dem Platz. Also übergab ich meine heiß geliebten Stiefel dieser Megäre, die mit ihnen davonstolzierte und mir noch drohte:

»Nächstes Mal lässt du sie, wo sie sind, kapiert?«

Auf Strümpfen kehrte ich nach Hause zurück und versuchte mit aller Macht, die Tränen zu unterdrücken. Schließlich hatte man mir ja beigebracht, niemals zu weinen. Es kostete meinen Vater nicht wenig Mühe, den Zorn meines Großvaters zu beschwichtigen, der – mit der Axt in der Hand – losziehen wollte, um das boshafte Frauenzimmer zu bestrafen.

Ich habe niemals erfahren, ob die Frau die Stiefel erneut wegwarf oder ob sie sie gar behielt, da sie ja nun wie neu waren. Ein paar Jahre später geschah das Unglück am Vajont, und Schuhe hatten wir von diesem Augenblick an mehr als genug. Wir hatten davon so viele, dass jemand sogar einen ganzen Lieferwagen voll in eine Schlucht kippte, weil er befürchtete, man würde ihn beschuldigen, sie gestohlen zu haben, um sie zu verkaufen.

Wir zwei Brüder wurden in das Kolleg Don Bosco in Pordenone gebracht, wo man sich bemühte, uns wenigstens ansatzweise Manieren beizubringen. Wir verbrachten dort drei Jahre. In dieser Zeit hatten wir hervorragende Schuhe, nur waren keine Wiesen mehr da, durch die wir hätten laufen können. Trotzdem habe ich in diesen Mauern viel gelernt. Ich entdeckte die Liebe zur Literatur, zu den Büchern, zur Kunst. Solange ich lebe, werde ich den Priestern Don Boscos dankbar sein, auch wenn es heute eher üblich ist, die alten Lehrmeister zu verachten und das Werk der Priester dazu.

Heute schenken mir Firmen, die Schuhe, Rucksäcke und Seile produzieren, alles, was ich nur haben will, wenn ich nur ein Werbefoto mit ihren Produkten mache. Aber die Leidenschaft ist dahin und Träume habe ich nicht mehr. Ich habe das Gefühl, dass ich bald nichts mehr mitnehmen werde, wenn ich in die Berge gehe: Ich werde wieder barfuß gehen, um den Kontakt mit der Erde zu fühlen, so lange, bis sie mich aufnimmt in ihren Schoß.

Wir stehen am Beginn des dritten Jahrtausends. Viel Zeit ist vergangen seit dieser traurigen Geschichte mit den weggenommenen Schuhen. Heute treffe ich diese niederträchtige, nun alt gewordene Frau fast täglich. Mein Atelier liegt der Kirche gegenüber, und ich sehe sie, weil sie ständig zur Messe geht.

Vielleicht erinnert sie sich an diese sinnlose Bosheit nicht einmal mehr.

Oder vielleicht geht sie zur Messe, um den lieben Gott zu bitten, er möge ihr diese Sünde vergeben. Er hat das in seiner unendlichen Güte sicher schon getan. Ich hingegen bin noch nicht so weit, selbst wenn der Hobel der Zeit allmählich auch in meiner Seele die rauen Spuren wohltuend glättet.

Der alte Jäger

Der Sommerwind weht vom spitzen Grat herab und streicht sanft über den geheimnisvollen Berg. Der Jäger sitzt auf dem Hügel unterhalb dieses Berges, im Gras, dem schon der Geruch des Herbstes entströmt. Sein Haus ist nur wenige Meter von hier, versteckt im Gestrüpp der Zeit. Eine Korbflasche Wein liegt neben ihm im Gras. Hin und wieder trinkt er einen Schluck und beobachtet die Gämsen. Mit dem Finger deutet er auf die Stelle, wo sie sich befinden, und reicht mir das Fernglas. Fünfzehn Gämsen, die ruhig am Steilhang von Cerentòn ihre Hälmchen zupfen. Schöne große Gämsen mit langen, feinen Hörnern, wie man sie nur dort oben findet, in den Karnischen Alpen, oder vielleicht noch in den Abruzzen. Früher machte er Jagd auf sie. Und er war der Beste von allen.

Er hatte schon als Junge mit der Jagd begonnen, angeleitet von den alten, schweigsamen Meistern seiner Zeit, von denen er voller Wehmut und Bewunderung spricht. Da er als Vollwaise aufgewachsen war, musste er früh lernen, sich zu schützen. Die brummigen Gämsenjäger nahmen in mit auf ihre Jagdpartien und setzten ihn quasi als Jagdhund ein. Seine Aufgabe war es, das Wild aufzuscheuchen. Er umkreiste das Tier und trieb es mit Gewehrschüssen und lauten Schreien zur Flucht. So hetzte er es geschickt auf die Stelle zu, wo die Jäger warteten – lautlos und wachsam, mit dem Gewehr im Anschlag.

Leber, Lungen und Herz des Tieres verzehrten die hungrigen Jäger an Ort und Stelle. Den Rest nahm man für die Familie mit nach Hause.

Schließlich kam der Tag, an dem auch er seine erste Gämse erledigte und, wie der Brauch es verlangte, das Blut des toten Tieres trank. Jahr um Jahr lernte er so die Kniffe des Weidwerks, und wie das bei wirklich schöpferischen Menschen ist, erfand er auch noch eigene dazu, um die Beute leichter zu stellen. Er liebte es, im Wald und auf dem Berg von dem zu leben, was die Natur ihm bot.

Auch heute noch, wo die Traurigkeit sein Gesicht überschattet und die Beine ihm fast schon den Dienst versagen, führt er mich, wenn ich ein wenig dränge, hinauf zu Stellen, wo köstliche Kräuter wachsen und Pilze verdächtiger Färbung, die ich nicht kenne und die sich dann doch als Leckerbissen entpuppen.

Wenn die Sonne den Schnee schmelzen lässt und die ersten lauen Lüfte das Leben wieder erwecken, setzt er sich in der Morgenfrühe in die Nähe der großen Buche, genau dort, wo im Frühjahr ein Goldregen blüht, und hört dem Liebeswerben der Birkhähne zu, die auf den Schneefeldern des Borgà ihre Kämpfe austragen. Dort erinnert er sich, wie er früher diese prachtvollen Tiere mit dem blutroten Kamm und dem zum Fächer aufgeschlagenen Schwanz gejagt hat.

Die beste Zeit waren April und Mai. In diesen Monaten zog er nächtelang durch die Wälder. Er musste schon früh auf dem Posten sein, beim ersten Morgenlicht, wenn er den Birkhahn schießen wollte, der um diese Zeit die Liebe der Henne sucht.

Wenn man ihn richtig zubereitet, schmeckt das Fleisch ausgezeichnet, doch die eigentliche Trophäe sind natürlich die Schwanzfedern. Aus der Gegend um Bozen und Toblach kamen am Ende der Saison malerisch gekleidete Menschen, die dieses Prachtstück kauften und es am Hut befestigten, um so geschmückt an den Dorffesten teilzunehmen. Der schöne Schwanz eines alten Hahnes mit seinen fünf gebogenen Federn kostete in heutigem Geld hunderttausend Lire, also hundert Mark.

Wie viele Jahre mochte er wohl auf diese Weise zugebracht haben? Viele, sagt er, doch da war er noch jung. Heute meint er, dass es nicht viel Sinn hätte, sich an alte Zeiten zu erinnern.

Dann trieben ihn die Not, die trügerische Hoffnung auf schnelles Geld und die Illusion der ewigen Liebe in die Schweiz. Dort hatte er eine Familie, Kinder und verlebte eine glückliche Zeit, die jedoch, wie man seinem Gebrumm entnehmen kann, nur kurz dauerte.

Schließlich kam er ins Dorf zurück. Allein.

Leute, die nicht viel wissen und jeden Tag vor vollen Tellern sitzen, sind schnell bei der Hand, wenn es gilt, über andere ein Urteil zu fällen. Aber es gibt genetische Bande, die über die Liebe zu den Eltern oder zu einer Frau weit hinausgehen, die von der Kette der Ereignisse in unser Erbgut eingeschrieben werden. Es stimmt nicht, dass man die DNS erbt. Tatsächlich wird sie erst im Laufe der frühen Kindheit ganz fertig gestellt. Von den Eltern erhält man vielleicht die grobe Linie der äußeren Züge, doch was aus uns wird, hängt einzig von unserem Schicksal ab. Ein Kind fröhlicher und optimistisch gestimmter Eltern müsste theoretisch ja deren Einstellung mitbekommen. Wächst dieses Kind aber voller Leid, Schmerz und Entbehrung auf, ist es vielleicht gar noch Waise, dann wird es niemals heiter sein. Sein Los ist die Schwermut. Und diese wird sein ganzes Leben lang nicht von ihm weichen, weil die Trübsal ihre Krallen in sein Erbgut geschlagen hat. Wenn dieser Mensch Kinder in die Welt setzt, so werden zwar an ihrem Lebensanfang Gram und Schmerz stehen. Doch auch diese Kinder schreiben ihren genetischen Kode selbst, je nachdem wie das Schicksal mit ihnen umspringt. Sie können den Schriftzug ändern, den das Erbe der Eltern ihnen vorgezeichnet hat.

Der Ruf, der meinen Freund zurückkehren ließ, kam von den Bergen, von den Wildbächen, den verschneiten Wintern, den Lagerfeuern unter den Felshängen des Bosco Nero oder des Col Alto. Und von den alten Jägern, die ihn das Weidwerk gelehrt hatten. Er kam zurück, weil er immer an die Nächte denken musste, die er als Dreizehnjähriger damit zugebracht hatte, dem Marder aufzulauern, dort, wo die Hexe wohnte, deren Name heute noch den Ort prägt: auf der Galvana-Alm. Sein Herz war immer dort geblieben.

Er nahm sein altes Leben wieder auf und brachte die Tage damit zu, Wild aufzuspüren. Gämsen, Rotwild, Birk- und Auerhähne. Im Winter waren es Füchse und Marder. Längst jagte er schon nicht mehr, um den Hunger zu stillen, wie früher, in der schlechten Zeit. Die Jagd war ihm in Fleisch und Blut übergegangen, zum instinktiven Bedürfnis geworden.

So verging die Zeit, und mit ihr kamen die Erinnerungen. Im Alter, wenn das Leben zunehmend schwieriger wird, vertragen wir die Einsamkeit nicht. Reue und Selbstvorwürfe begleiten uns in den schlaflosen Nächten, wenn wir bedauernd feststellen müssen, dass verlorenes Gut unwiederbringlich dahin ist. So wird das Leben zum tiefen Tal, dessen Ränder in immer weitere Ferne rücken. Wer zu diesem Zeitpunkt nicht zurückblickt, weil er das nie getan hat, glaubt sterben zu müssen, und greift zur Flasche, um sich zu retten. Und eine Flasche voller Wein und die Einsamkeit zerstören einen Menschen in kürzester Zeit.

Jetzt ist er über sechzig, und sein Gesicht wird immer schmaler. Nur die Haare widerstehen dem Alter, sind struppig und dunkel wie eh und je, rebellisch wie er.

Aber trotz des Alkohols und des fortgeschrittenen Alters hat er ein dolomitisches Gesicht. Es ist nicht zerknittert wie bei jemand, der sein Leben im Zimmer verbracht hat. Er vergeht, wird dünner, als würden die heftigen Winde ihn abschleifen, wie sie die Kanten der Felsriesen schmirgeln und glätten. Er sieht aus wie ein Flussbett, das der Strom der Zeit ausgehöhlt und gesäubert hat. Denn wenn auch die Beine ihn kaum noch tragen, so lebt er doch weiterhin draußen und verbringt den ganzen Tag auf seinem Hügel, an der frischen Luft.

Manchmal bäumt er sich auf, wenn die Wut ihn überfällt. Dann verschwindet er für zwei oder drei Tage in den Bergen, in der eitlen Hoffnung, damit den jetzigen Verfall von sich abwenden zu können. Sich selbst will er beweisen, dass er noch etwas taugt, dass er noch bei Kräften ist und keineswegs am Ende. Doch dieses Aufbäumen wird immer rarer. Und außerdem beweist dieses Aufflackern des Stolzes bei einem Menschen doch nur, dass er aufs Ende zugeht, dass er zu verlöschen droht und nichts mehr daran ändern kann.

Hin und wieder steige ich zu dem Mann hinauf, der müde auf dem Akazienhügel sitzt. Auf meine vorsichtig vorgebrachten Ratschläge antwortet er würdevoll und wehmütig, dass seine Zeit vorüber sei und dass er sich damit zufrieden gebe, noch sehen und hören zu können. Neben ihm im Gras liegt immer die Flasche.

Gämsen, Rehe, Hirsche, Auerhähne, Birkhähne, Frauen, Gefühle – all dies hat ihn längst verlassen. Von seinem Hügel aus beobachtet er die Bewegung der Erde und der Jahreszeiten, vom Rand des Lebens aus, so als wäre er nur noch Gast in dieser Zeit, die ihm auf Erden noch bleibt. Am Ende des Weges verirrt man sich leicht zwischen den Bäumen des Vergessens. Und bevor der Kreis sich endgültig schließt, kommen uns die Erinnerungen der Kindheit entgegen, und wir kehren mit unserem Geist an die Orte zurück, an denen wir aufgewachsen sind.

Als er noch ein kleines Waisenkind war, ließen die Verwandten ihn immer in einem Weidenkorb auf eben jenem Hügel zurück, wenn sie sich an ihr Tagwerk machten. Dort sollte er die frische Luft des Morgens atmen, um kräftiger zu werden. Und heute, nach einem leidvollen Leben, findet er sich wieder dort. Doch nun atmet er die Luft des Abends, und seine Wiege ist die ganze Natur.

Ich habe ihn nie gefragt, weshalb er aus der Schweiz zurückgekehrt ist. Ich frage meine Mitmenschen niemals nach dem Warum. Dringen wir zu tief in andere, zerstören wir unsere guten Beziehungen zu ihnen. Vielleicht wüsste er mir ohnehin keine Antwort. Ich aber glaube, sie erraten zu haben: Es war die große Buche, die ihn zurückgerufen hat. Die an der Biegung des Weges, dort, wo sein Haus steht und im Frühling der Goldregen blüht. Dieser majestätische Baum, an den er sich, müde und ohne Hoffnung, des Abends lehnt, um den Gämsen an den Steilhängen des Cerentòn zuzusehen oder dem Gesang des Birkhahns zu lauschen, vielleicht zum letzten Mal.

Der letzte Scherenschleifer

Im Frühjahr tauchte er plötzlich im Tal auf, obgleich niemand ihn jemals ankommen sah. Man wusste einfach, dass er da war, wenn man seinen kleinen Lieferwagen sah, den er im Dorf auf der Piazza abstellte. Er war klein und hatte ein rundes, rotes Gesicht mit dem in die Ferne gerichteten Blick der Menschen, die »niemanden haben«. Mit der unvermeidlichen blauen Schürze und den Birkhahnfedern am Hut sah er aus, als käme er aus Tirol. Sein Alter war schwer abzuschätzen, vielleicht so um die sechzig. Er hieß Luigi, Wohnort unbekannt, Scherenschleifer von Beruf, vielleicht das letzte Exemplar dieser Gattung ewig Herumirrender, die allen, die noch wie ich das Glück hatten, einen von ihnen kennen zu lernen, teuer ist.

Kurz und rätselhaft waren die Besuche der Scherenschleifer, der Blechschmiede und Kesselflicker. Sie kamen immer einzeln, um sich nicht gegenseitig das Geschäft zu verderben. Ich denke oft mit Wehmut an sie zurück. Sie waren Künstler in Handwerksberufen, die mittlerweile der Moloch des Fortschritts verschlungen hat. Die Mentalität des Ex-und-hopp hat sie in den Abgrund des Vergessens gedrängt: magische Gestalten, die aus der Ferne auftauchten, unsere Neugier erweckten und für ein paar Tage einen neuen Reiz in unser an Abenteuern reiches Leben als Bergkinder brachten.

Auf dem Boden sitzend arbeiteten sie vorzugsweise auf der Piazza des Dorfes. An heißen Sommertagen allerdings suchten sie sich ein Plätzchen im Schatten. Wir beobachteten sie voller Respekt zunächst aus der Ferne, arbeiteten uns dann langsam vor, bis wir von ihnen ein Zeichen erhielten, dass wir näher treten durften. Und dann nahm unter unseren ungläubigen Blicken ein alter, zerschlissener Schirm wieder Form an. Ein alter Kochtopf wurde in den Händen des Kesselschmieds wieder zu einem strahlenden Gegenstand, in dem man das Wasser für die Polenta kochen konnte.

Unserem Kinderblick erschienen diese einfachen Verrichtungen wie pure Magie. Vor allem aber faszinierten uns die Scherenschleifer, die weit gereist und wortkarg waren, wie echte Magier es sein mussten.

Wer weiß, wohin diese Freunde aus Kindertagen verschwunden sind? Einen habe ich bis vor wenigen Jahren noch regelmäßig gesehen. Er kam im Frühjahr, pünktlich mit dem ersten Ruf des Kuckucks. Vielleicht folgte er dem heimlichen Ruf derer, die nicht vergessen können und sich nicht gänzlich vom Wildwuchs des modernen Lebens vereinnahmen lassen wollen.

Einmal begegnete ich ihm im Nachbardorf. Wir tranken ein Glas miteinander und unterhielten uns ein wenig. Seine flüchtige Gegenwart erweckte einen Hauch von Wehmut, wie er nur letzten Begegnungen eigen ist.

»Es gibt kaum noch Arbeit, aber es nützt ja nichts – man muss auch mit dem Wenigen zufrieden sein«, gestand er. »Zornig werde ich nur, wenn ich diese automatischen Schirme sehe, die sich auf Knopfdruck öffnen. Sie gehen schnell kaputt und lassen sich danach kaum noch zusammenflicken. Ich werde nie verstehen, warum die Menschen es immer bequemer haben müssen und sich am Ende das Leben doch nur komplizierter machen. Scheren zum Schleifen gibt es noch genügend, vor allem in den Bergdörfern, Messer schon weniger.«

Er erzählte mir, dass er vor einem frisch geschliffenen Messer mehr Angst habe als vor einer Pistole und dass er sich ärgere, weil der Staat ihm ständig wegen der Einkommensteuer auf den Fersen sei. Seine Ausrüstung unterschied sich von der anderer Scherenschleifer alten Stils. Diese fuhren ein Fahrrad, auf dem der Schleifstein und alle anderen Utensilien montiert waren. Man stellte das Rad auf einen Bock und konnte den Schleifstein dann mit den Pedalen antreiben. Er aber hatte seine Ausrüstung modernisiert: Er fuhr einen alten Lieferwagen, in dessen Innerem er seine Werkstatt eingerichtet hatte.

»Heute noch mit dem Rad fahren! Unmöglich – mit dem ganzen Verkehr und all den Verrückten, die jetzt im Auto unterwegs sind! Da überlebst du nicht einen Tag.« Das war die Antwort auf meine sentimentale Frage, weshalb er denn nicht mehr mit dem typischen Rad unterwegs sei, das schon seine Vorgänger benutzt hatten.

Und doch hatte er auch mit dem Lieferwagen und den wenigen anderen Erleichterungen, die er sich verschafft hatte, nichts von dem Zauber verloren, der diesen rätselhaften, einsamen Vagabunden früherer Zeiten anhaftete.

Ich habe nie erfahren, ob er eine Familie hatte oder alleine lebte. Und ich konnte ihm die Geheimnisse seines Metiers nicht entlocken. Denn aus Erfahrung weiß ich, wie schwierig es ist, Scheren zu schleifen. Ich frage mich auch heute noch, wie er es schaffte, die vielen Scheren, die er alle zusammen aufbewahrte, wieder den richtigen Besitzerinnen zurückzugeben, denn keine von ihnen trug ein Zeichen.

Über sein Privatleben habe ich ihm nie Fragen gestellt, da ich immer das Gefühl hatte, er würde lieber nicht darauf antworten. Daher wird das Geheimnis des letzten Scherenschleifers für mich immer eines bleiben.

Er blieb etwa eine Woche lang und arbeitete in Claut, Cimolais und Erto. In jenen Apriltagen war das Wetter recht launisch. Es fiel sogar ein wenig Schnee. Da packte er seine Sachen und machte sich durch die Flocken davon, still und leise wie er gekommen war, ein echter Zigeuner des Lebens.

Seit dieser letzten Begegnung ist der April zwei Mal ins Land gegangen, aber Luigi ist nicht wiedergekommen. Das Schicksal hatte ihn zu einer Randfigur gemacht, für die im Leben kein Platz mehr ist. Unsere Zeit hat kein Mitleid mit den zerbrechlichen Dingen. Vielleicht hat Luigi das gespürt. Er hat wohl erkannt, dass unsere Gesellschaft sich zwar Mühe gibt, wenn es darum geht, Tierarten vor dem Aussterben zu retten, bedrohte Menschen aber schützt sie nicht. So hat Luigi, der wie alle einfachen Menschen zwar nicht sehr sprachgewandt war, aber doch einen angeborenen Sinn für Würde besaß, es sicher vorgezogen, sich zurückzuziehen – wenn er nicht einfach gestorben ist.

Die fliegende Händlerin

Als ich noch im alten Dorf wohnte, ging ich sie oft besuchen. Es waren ihre letzten Jahre, aber das konnte ich damals nicht wissen. Ich ging erst nicht mehr zu ihr, als ich merkte, dass sie mich nicht mehr erkannte.

Ihr Häuschen lag in einer schmalen, kopfsteingepflasterten Gasse. Früher hatten dort viele Familien gewohnt, doch nach dem Unglück am Vajont-Stausee wurde alles anders. Am 9. Oktober 1963 kosteten der Ehrgeiz und das Profitstreben anderer Leute 2000 Menschen das Leben. Wer das Glück hatte, zu den Überlebenden zu gehören, ging fort. So stand das Dorf verlassen. Sie aber wollte nicht gehen und harrte zusammen mit einem älteren Bruder und zwei Schwestern im Haus ihrer Vorfahren aus. Ihr Bruder war 1919 mit D'Annunzio in Fiume gewesen* und er-

* Fiume, das heutige Rijeka, wurde nach dem Ersten Weltkrieg Jugoslawien zugesprochen, obwohl es früher italienisch gewesen war. 1919 besetzte Gabriele D'Annunzio es im Handstreich mit einigen Soldaten, musste sich dann aber zurückziehen. (A. d. Ü.).

zählte des Öfteren ironisch, wie der »Große Seher« ihn zum Obergefreiten ernannt hatte, »seiner Verdienste um das allgemeine Chaos willen«.

Als das Dorf evakuiert wurde, weigerte sie sich, ihr Haus zu räumen. Mit sechzig Jahren fühlte sie sich alt und müde, auch wenn sie die Jüngste der Familie war. Ihr ganzes Leben lang war sie auf den Beinen gewesen und wollte nun einfach dort bleiben, wo sie war.

Obwohl sie klein war und krumme Beine hatte, stellte man sich beim Anblick dieses immer noch schönen Gesichts spontan die Frage, wie sie wohl mit zwanzig Jahren ausgesehen haben mochte. Ihre Beine, sagte sie, seien schon in frühester Jugend krumm geworden, weil die Kiepe so schwer gewesen sei. Sie wurde nämlich immer zum Holzsammeln geschickt, bis zum Forcella-Camp hinauf kam sie dabei. Und tagtäglich, von den ersten Frühlingstagen an bis in den tiefsten Herbst hinein, kehrte sie mit dicken Astbündeln auf dem Rücken zurück. Unter dieser Last gaben die jungen, noch weichen Knochen dauerhaft nach.

Als sie herangewachsen war, weihte man sie in die Geheimnisse des Händlerlebens ein. Zu Fuß wanderte sie alleine, manchmal auch in Begleitung einer Schwester, durch das ganze Friaul. Bis nach Triest kam sie so, immer mit der Kiepe auf dem Rücken. Sie verkaufte alles, was man aus Holz machen konnte: Kochlöffel, Schüsselchen, Schneidbretter und Suppenkellen, die ihr Bruder an den langen Winterabenden schnitzte. Mit ihrem Karren, der bis obenhin beladen war, zog sie in die umliegenden Dörfer. Bei einer vertrauenswürdigen Familie ließ sie ihn stehen und ging mit Korb und Kiepe von Haus zu Haus, immer in der Hoffnung, etwas von ihren schlichten Gerätschaften zu verkaufen. So war sie den ganzen Sommer ihren Bergen fern.

Manchmal, wenn der Verkauf, besser gesagt der Tausch, gut gelaufen war, kam sie schon früher nach Hause zurück, um sich mit neuer Ware einzudecken. Doch endgültig kehrte sie erst heim, wenn der Winter ins Land zog – ihren Karren voller Nahrungsmittel, mit ein paar Münzen in der Tasche und vielen Hoffnungen im Herzen.

Sie zog ihren Karren über die Straßen im Cellinatal, die nur aus harter, trockener Erde bestanden, was ihr übermenschliche Kräfte abverlangte. Auf diese Weise sah sie Gorizia, Udine und Palmanova. Am Ende eines solchen Tages fand sie Quartier bei freundlichen Familien, die ihr zu essen gaben, als sei sie eine der ihren, und sie im Stall übernachten ließen, wo das Heute und die Ausdünstungen der Tiere sie wärmten.

Fast alle Frauen im Tal betätigten sich als Löffelschnitzerinnen und wanderten mit ihren Karren gar bis Genua. Sie waren mager, ganz in Schwarz gekleidet und an den Füßen trugen sie die *scufòns,* die selbst genähten Stoffschuhe. Das Haar verbarg ein schwarzes, mit Spitzen geschmücktes Tuch. Der friaulische Schriftsteller Carlo Sgorlon hat sie in seinem Werk sehr schön beschrieben. In seinen Erzählungen heißen sie *sedonere,* weil sie *sedòn* verkauften, wie man im Dialekt dieser Gegend einen Holzlöffel nennt.

Die Freude, wieder daheim zu sein, überfiel sie, sobald sie ihren Fuß auf die Straße nach Montereale setzte. Von diesen Serpentinen aus roch sie Heimatluft. Denn gerade im November sammeln sich im Tal die Gerüche des Herbstes, die ihr die Heimkehr noch verlockender erscheinen ließen. Auf ihrem Karren führte sie neben den Lebensmitteln immer auch einen Dreißig- oder Vierzigliterballon Wein mit. In solchen Gefäßen brachte man normalerweise den Waldarbeitern ihre Weinration. Oft war sie während der Rast in Versuchung, sich ein Schlückchen zu genehmigen, aber danach wurden ihr immer die Beine schwach. Also hob sie den Wein lieber auf, bis sie zu Hause war, wo man sich um den Kamin versammelte und ihn gemeinsam trinken konnte.

Auf den großen Bauernhöfen im Friaul war sie bekannt und so hoch geschätzt, dass man jedes Jahr schon auf sie wartete. Auf einem dieser von lebendigem Treiben erfüllten Höfe wartete auch die Liebe auf sie.

Mit funkelnden Augen erzählte sie mir, dass sie dort einst einen schönen jungen Mann kannte, der ihr die Ehe versprochen hatte. Die Neunzehnjährige, die davon überzeugt war, endlich den Mann fürs Leben gefunden zu haben, gab sich ihm voll spontaner Unschuld hin. In gewisser Weise war er sogar der Mann ihres Lebens, denn sie sollte ihn bis an ihr Lebensende nicht mehr vergessen. Groß sei er gewesen, mit blauen Augen. Seine Eltern hatten den Stall voller Kühe. Fast wollte sie nicht mehr nach Hause zurück, so glücklich war sie über diesen wunderschönen, unvorhergesehenen Traum. Aber als sie im Herbst wieder auf denselben Hof zurückkam, fand sie von dem Jungen keine Spur mehr. Auf ihre schüchterne Frage antwortete man ihr, dass er nach Amerika gegangen sei, um dort sein Glück zu versuchen, weil er nicht Bauer bleiben wollte.

Von Kindesbeinen an hatte man sie daran gewöhnt, die Schläge des Lebens hinzunehmen, doch dieser traf sie über die Maßen hart. Sie sah ihr Gesicht im unbewegten Spiegel des Wassertrogs vor dem Haus, grüßte alle freundlich und ging. Erst als sie den braven Leuten den Rücken gekehrt hatte, fing sie an zu weinen.

Sie kehrte nie wieder in dieses Haus zurück, und in den langen Jahren, die sie noch leben sollte, weigerte sie sich hartnäckig zu heiraten. Natürlich lernte sie noch andere Männer kennen, aber keiner interessierte sie so, dass sie ihn für immer an sich binden wollte.

In den Sechzigerjahren, als mit der unaufhaltsamen Verbreitung von Plastikgegenständen der Verkauf ihrer Holzwaren nichts mehr einbrachte, zog sie sich völlig aus dem Geschäft zurück. An den Winterabenden überfiel sie manchmal die Erinnerung. Wehmütig dachte sie an die fernen Ebenen des Friaul, an die Familien, die sie jahrelang beherbergt hatten, an die Dörfer, in denen man sie kannte, und an den schönen Jungen mit den enzianblauen Augen.

In ihrem Heimatdorf aber lebte sie wie früher. Sie kehrte auf den Col di Cuore zurück, eine der abgelegensten Weiden des Tales, und machte dort Heu.

Eines war für die Bergbauern mittlerweile leichter geworden: Man trug das Heu nicht mehr auf dem Rücken ins Dorf, sondern transportierte die Bündel mit einer Seilbahn. Aber trotzdem blieb es ein Leben in Mühe.

Im Sommer lebte sie in einer Hütte auf der Nordseite des Tales. Um diese steilen Hänge mähen zu können, stand sie schon um drei Uhr morgens auf und stieg zum Forcella-Camp oder zum Monte Certen hinauf, wie sie es als Mädchen getan hatte. Dort schnitt sie mit der Rundsichel die kurzen, duftenden Hälmchen, die zwischen den Felsen wuchsen.

Im Stall hatte sie drei Kühe, die sie versorgte, als seien sie ihre Töchter. Und sie redete lange mit ihnen wie mit Menschen, die einen verstehen. Böse konnte sie ihnen nie sein. Ich habe sie kein einziges Mal wütend erlebt, nicht einmal, wenn sie ihr beim Melken den mit Jauche getränkten Schwanz ins Gesicht schlugen.

Ihr Bruder half ihr, aber manchmal verschwand er einfach, mitunter für mehrere Tage. Dann trieb ihn das Leiden am Leben in die Osterien, die Gasthäuser des Dorfes, wo er seine Gedanken ertränkte.

Sie glaubte fest an Gott und ging auch regelmäßig zur Messe, auch wenn ihr Glaube recht persönliche Formen annahm. So ging sie beispielsweise, nachdem ihr Bruder gestorben war, jeden Abend an sein Grab, um mit ihm zu sprechen. Überzeugt, dass er sie hören könne, hielt sie ihn mit lauter Stimme auf dem Laufenden und erzählte ihm, was sich während des Tages zugetragen hatte:

»Den Kühen geht es gut, eine hat nicht so viel gefressen. Die Milch habe ich in die Molkerei gebracht. Heute habe ich angefangen, das Feld umzugraben. Und dir, wie geht es dir? Ist es kalt dort? Mach dir jedenfalls keine Sorgen, hier läuft alles bestens.«

Sie lebte ihr Leben mit einer entwaffnenden Einfalt, die vielleicht der wahre Schlüssel zum Glück ist. Zu viel Wissen macht häufig nur Angst, weil wir uns dann lauter beunruhigende Fragen stellen.

Sie hingegen fragte niemals nach dem Warum: Sie lebte und basta. Sie verbrachte ihr Leben in Harmonie mit der Natur und den Tieren. Zudem glaubte sie an Gott. Das war alles.

Wenn man von jemandem sprach, der uns ins Reich der Schatten vorausgegangen war, trieb ihr der Kummer die Tränen in die Augen. Sie weinte leicht, weil sie so durch und durch redlich war.

Dann stürzte eines Tages der Berg in den See, und so viele Menschen starben. Das Dorf wurde evakuiert, und die Überlebenden wurden wie Samen in die umliegenden Dörfer verstreut. Sie und ein paar andere Dickköpfe rührten sich nicht weg, verloren dadurch aber jeden Anspruch auf staatliche Hilfe. Deshalb musste sie sogar ihre geliebten Tiere verkaufen.

Ich war erst dreizehn Jahre alt, aber ich werde nie vergessen, wie man die Kühe abholte. Sie weinte und verabschiedete sich liebevoll von ihnen, indem sie immer wieder ihre Namen sagte:

»Ciao, Vecia. Ciao, Colomba. Ciao, Rosa. Ich werde euch nie wieder sehen.«

Der Abschied war herzzerreißend. Traurigkeit und Kummer sprachen mit einer Aufrichtigkeit aus ihr, wie nur wirklich gute Menschen sie besitzen.

Das Unglück am Vajont hat mit einem Schlag jahrhundertealte Bräuche, Traditionen, Geschichten und Leben hinweggefegt. In nicht einmal einer Minute war der Fluss der Zeit, das Leben im Rhythmus der Jahreszeiten zerstört. Viele Jahre lang mähte man die Bergwiesen nicht mehr, ging nicht mehr auf die Alm, und das Holz in den Wäldern blieb ungeschnitten. Die Milchkühe wurden abgeschafft, und auf dem Land hörte man abends nicht mehr die Leute singen. Die einfachen Osterien wurden geschlossen. Das verlassene Dorf verfiel in trostloses Schweigen.

Die Jahre vergingen gleichförmig und in Teilnahmslosigkeit. Wie Kiesel im Bachbett wurden sie von der Strömung des Kummers und der Monotonie zurechtgeschliffen. Unnütz schwebten sie im Raum, und nichts konnte dieses allmähliche Verstreichen durchbrechen.

Der Bruder, der ihr jahrelang Stütze und Hilfe gewesen war, starb, und die Schwestern zogen in andere Dörfer. Allein blieb sie zurück.

Sie bewahrte der archaischen Welt, die sie als Mädchen gekannt hatte, die Treue. Sie fühlte sich den vom Atmen der Erde inspirierten Zyklen verbunden, den Jahren der Arbeit, die der Vajont für immer ausgelöscht hatte.

Oft erträgt die menschliche Seele plötzliche und dramatische Veränderungen nicht. Sensiblere Menschen haben in ihrem Kopf keinen Raum für die Anpassung an vollkommen neue Verhältnisse. Das Leiden an der Hoffnungslosigkeit setzt in verwundbaren Geistern einen Prozess in Gang, der sie letztlich zerstört. Wer aber mit dem Schmerz fertig wird, ohne den Verstand zu verlieren, stirbt am Ende an gebrochenem Herzen.

Sie starb nicht, doch ihr Verstand machte sich allmählich davon. Er wanderte zurück in die Zeit, als sie noch ein Kind gewesen war. So begann sie, sich zu benehmen, als wäre sie fünf oder sechs Jahre alt. Sie spielte mit Zweigen, Holzstücken und Steinen, die sie zu Puppen oder Kätzchen machte. Und schlief, wo immer sie war, plötzlich ein: auf der Straße, auf der Schwelle des Hauses, in den Wiesen. Alles, was sie fand, nahm sie mit nach Hause: Glasscherben, Späne und leere Dosen.

Manchmal lief sie weg durch die Straßen des Dorfes und verlor den Weg zurück. Wenn jemand sie fand, ließ sie sich widerspruchslos nach Hause führen. Scheinbar folgt auch der Wahnsinn bestimmten Regeln. So als ob, bevor etwas im Gehirn zerbricht, zwischen der Person und dem Wahn ein Pakt geschlossen würde. Du möchtest wieder Kind sein? Gut, wenn du den Verstand verlierst, wirst du zum Kind werden. Du möchtest eine Gämse sein? »Nun«, antwortet das Gehirn, »kein Problem. Ich werde verrückt, aber du kannst sicher sein, dass ich dich zur Gämse mache.«

Oder was dergleichen Tauschhandel mehr sind. So als würde uns eine letzte Chance angeboten, das zu sein, was wir immer hatten sein wollen, in eine Zeit zurückzukehren, in der wir glücklich waren, oder uns endlich einmal wehren zu dürfen und der Gewalt freie Bahn zu lassen.

Aber in der bürgerlichen Welt ist es nicht leicht, hierfür Verständnis zu finden. Plötzlich hörte man überall, dass es nun mit ihr allmählich zu weit gehe. Wie ein Tier pinkelte sie überall hin, wo sie gerade stand.

Sie lief immer weiter vom Dorf weg, sodass sie manchmal draußen im Wald schlafen musste, weil sie nicht mehr nach Hause fand.

Irgendjemand fing an, sich Sorgen zu machen, und so wählte er die vom Standpunkt der Vernunft her einfachste Lösung.

Eines Morgens im Juli hielt man die ewig Fliehende fest. Es war die Zeit der Heuernte bzw. dessen, was von ihr noch übrig geblieben war. An schwülen Abenden erfüllte der Duft des trocknenden Grases das ganze Dorf. Man musste mähen, das Gras zusammenrechen und aufhäufeln. Niemand hatte Zeit, sich um sie zu kümmern. Und wer nicht auf den Wiesen arbeitete, hatte anderes zu tun.

Und so wurde die Streunerin mit einem Strick festgebunden, demselben Strick, mit dem man auf dem Wagen das Heu festband. Jeden Morgen schnürte ihr derjenige, der zu ihrem Aufpasser bestimmt wurde, diesen Strick fest um die Taille und knotete das andere Ende um ein Fensterkreuz im Erdgeschoss ihres Hauses. Der armen Frau blieb vielleicht ein Meter Spielraum. Da der Verstand ihr schon völlig abhanden gekommen war, konnte sie diesen simplen Knoten, den sogar ein Kind aufbekommen hätte, nicht lösen. Also warf sie sich bis zur Erschöpfung mit dem ganzen Körper vor und zurück. Es sah aus, als würde sie die Bewegungen wiederholen, die ihr Körper vor vierzig Jahren bei dem Liebesabenteuer mit dem blauäugigen Jungen aus dem Friaul gelernt hatte. Sieben, acht Stunden schnürte der Strick bei jeder Bewegung die ohnehin schon wund geriebene Taille ein, und sie hörte doch nicht auf, sich auf ihren krummen, von der Anstrengung der Jugendjahre verformten Beinen vor und zurück zu bewegen in der Hoffnung, dadurch ihren Fesseln entkommen zu können.

Jeder, der an ihrem Haus vorbeikam, empfand den Wunsch, sie loszubinden. Aber das hätte gleichzeitig bedeutet, die Verantwortung auf sich zu nehmen, falls ihr etwas zugestoßen wäre. Und dieses Risiko war den meisten dann doch zu groß. Kaum bemerkte sie aber, dass ein Vorübergehender sie zu ignorieren versuchte, warf sie ihm wütende Beleidigungen an den Kopf und drohte damit, dass früher oder später ihr Geliebter aus dem Friaul kommen würde. Er würde sie losbinden und schließlich alle töten.

Der glühende Sommer ging vorbei, und auch der Herbst mit seinen traurigen Farben war schon vorüber. Als der Winter kam, war sie plötzlich verschwunden. Am Fensterkreuz hing zwar immer noch das Seil, dessen anderes Ende vom Schnee verdeckt wurde, das »Reh« aber, das man damit festgebunden hatte, war weg. Nur dieses schreckliche Zeugnis menschlicher Härte blieb dort zurück.

Ich erfuhr, dass man sie in einem der umliegenden Dörfer in ein Heim gebracht hatte. Dort konnte sie wenigstens in den Gängen frei herumlaufen, auch wenn sie mit niemandem mehr sprach. So verbrachte sie ihre letzten Tage auf Erden damit, aus ihrem Fensterchen auf die Berge von Erto zu starren, auf ihre Berge. Jenseits dieser Berge lag ihr Haus, das nunmehr ohne Leben war.

Vor allem einer der Gipfel hatte es ihr angetan. Es war die hohe, dunkle Spitze rechterhand vom Tal. Der Monte Toc, den viele Zeitungen nach dem Unglück als »Mörder«

bezeichneten, wobei ihn doch nicht die geringste Schuld traf.

So ging sie von uns, ganz still, in Gedanken bei den wirren Erinnerungen an eine Tragödie, welche die Überlebenden voller Schmerz zurückließ, und in dem Gefühl, alles verloren zu haben. Eine Tragödie, die so manchen sensiblen Menschen in das dunkle Zwischenreich eines schweigenden, unabwendbaren Wahnsinns verbannte.

Ein guter Mensch

Ich habe einen Freund, der mit einem guten Herzen geboren wurde. Wer mit diesem Geburtsfehler zur Welt kommt, ist vollkommen arglos und versteht es daher nicht, Gut und Geld zusammenzuhalten. Gute Menschen geben immer und von Herzen, sodass sie früher oder später ohne einen Pfennig dastehen. Früher, als die Menschen untereinander noch nicht so zynisch waren, fand diese Tugend Anerkennung, manchmal sogar Verständnis. Heute, da in den Herzen der Eigennutz regiert, gelten Menschen mit Herz, die aus Güte alles, was sie besitzen, verschenken, nichts mehr. Nichtsnutz und Niete sind die Titel, die man ihnen heute gibt.

Jemand, der so denkt, sieht vermutlich auch im heiligen Franz von Assisi einen Nichtsnutz. Und keiner hat die Größe, seinen engen Blickwinkel aufzugeben und Verständnis für einen Menschen aufzubringen, der sich ruiniert hat. In unserem Land hält jeder sich für einen ausgemachten Experten. Jeder weiß, wie man eine erfolgreiche Nationalmannschaft und eine gute Regierung zusammenstellt. Und es gibt eine Menge Genies, die sicher sind, dass sie alles besser gemacht hätten, dass sie niemals verloren hätten, was mein Freund verlor. Diejenigen aber, die ihn zum Essen einladen oder ihm ein wenig Brot schenken, wenn er auf der Straße hilfesuchend um sich blickt, kann man an einer Hand abzählen. Die andere bleibt dann für diejenigen, die ihm früher einmal geholfen haben.

Solange seine Mutter noch lebte, war alles in Ordnung. Sie war eine schöne Frau mit dunklen Augen und einem gewinnenden Lächeln. Zusammen mit ihrem Mann führte sie ein Hotel, das so etwas wie die Chronik unseres Dorfes widerspiegelte. Sie wurde früh zur Witwe, als mein Freund gerade alt genug war, um in den Kindergarten zu gehen. Plötzlich musste sie sich um das Hotel und den Jungen allein kümmern.

Ihr war von Anfang an klar, dass dieser ein wenig rebellische Erbe mit dem weichen und ehrlichen Herzen sich nicht fürs Geschäft eignete. Schon in der Jugend zog er die offene Weite der Wälder dem engen Raum in der Küche oder hinter der Theke vor. Er liebte die stillen, hoch gelegenen Weiden, die sommers von den Hirten mit ihren Herden bevölkert wurden. Als Kind verschenkte er immer sein Spielzeug an die Kameraden, und bei unseren wilden Jagden war er es, der uns etwas zu essen besorgte, natürlich lauter Leckereien aus dem Familienrestaurant. Hinterher machte seine Mutter ihm sanft ein paar Vorwürfe. Doch sie wusste, dass ihr Sohn an der Krankheit der Menschenliebe litt, und daher versuchte sie bis an ihr Lebensende, ihn ein wenig misstrauischer zu machen. Sie wollte ihm beibringen, dass man nicht nur geben, sondern auch etwas einnehmen sollte. Dass man verlangt und auch nimmt, was einem zusteht. Doch das Wesen eines Menschen lässt sich nicht so einfach umkrempeln, und mein Freund vermochte nichts gegen sein gefährlich großzügiges Naturell auszurichten. Ganz im Gegenteil: Im Sommer veranlassten ihn die mütterlichen Predigten gar zur Flucht. Beim hundertsten Vorwurf packte er seine Sachen und schloss sich seinen Freunden, den Hirten an, mit denen er durch die Täler und über die Berge zog.

Manchmal streifte er einen ganzen Monat lang herum. Bei diesen einfachen und schweigsamen Leuten lernte er, die Natur und die Tiere zu lieben. Das war das Leben, das ihm lag: immer draußen zu sein, immer unterwegs, bei Regen und bei Sonnenschein im Unterstand zu schlafen – unter den Sternen. Häufig gab seine Mutter den Hirten etwas zu essen für ihren Sohn mit, denn sie wusste ja, dass diese ihn mit ihren spärlichen Mitteln nicht durchfüttern konnten.

So wuchs er heran zwischen den Bequemlichkeiten des Hotels und dem harten Leben des Viehhirten. Er wurde groß und dick dabei. Dann kam die Zeit des Militärdienstes. Die langen Monate, in denen er seinen Pflichtdienst ableistete, machten ihn Bacchus, dem Gott des Weines, geneigt. Venus und den Herrn des Tabaks hatte er ja schon kennen gelernt, und diesen dreien blieb er, manchmal mehr, manchmal weniger, treu.

Gerade seine Neigung zum Wein aber machte seiner Mutter große Sorgen. Sie, die ihr Leben hinter der Hoteltheke verbracht hatte, kannte sich mit Trinkern aus, und wusste, dass man aus diesem tiefen Loch kaum wieder unbeschadet herauskommt.

Ich, der ich etwa zehn Jahre älter bin als er, war, was das Trinken angeht, schon ein alter Kämpfer, und daher hatten wir noch einen Grund mehr, unsere Freundschaft zu erneuern. Ich werde nie vergessen, wie inständig seine Mutter mich bat, auf ihn Acht zu geben, damit er nicht so viel trinke.

»Du bist doch vernünftig!«, sagte sie. »Sprich du mit ihm, du kennst dich doch aus.« Arme, liebe Frau! Sie ahnte nicht, dass sie von Kain verlangte, Abel zu retten. Als ihr dies klar wurde, bat sie mich um nichts mehr.

Eines Tages geschah es: Eine bösartige Krankheit hatte sie befallen. Sie wusste, dass sie gehen musste, und weinte um ihren Sohn. Sie hatte auch früher oft über ihn geweint, doch das waren andere Tränen gewesen, sie hatten andere Gründe gehabt. Sie waren bitter gewesen, doch immer hatte die Hoffnung sie weggewischt. Dies aber war der letzte Schmerz, der dem Tod vorausging: Es waren Abschiedstränen. Ein Jahr lang weinte sie, bevor sie starb. Ein paar kluge Köpfe meinten damals, dass die Schande ihres ungeratenen Sohnes ihr den Lebenswillen genommen und sie ins Grab gebracht hätte.

Aber es war die Krankheit, die sie getötet hat. Diese nahm sie mit sich fort, obwohl sie unablässig dagegen ankämpfte, gerade weil sie weiterhin auf ihr ein Meter achtzig großes Baby aufpassen wollte. Dem gelang es nun gar nicht mehr, einen geordneten Lebensweg zu finden. Denn der Verlust der Frau, die ihn zur Welt gebracht hatte, ließ auch die letzten Stricke reißen. Er liebte nun einmal die Frauen und den Wein, beides lässliche Sünden, verglichen mit dem, was wir heute schon gewohnheitsmäßig mit ansehen müssen.

Freilich machte er einen Versuch, ganz von vorne anzufangen. Vielleicht war ja die Ehe eine Lösung? Doch für einen freien, großzügigen Geist gibt es keinen größeren Irrtum, denn statt Kindern kamen nur Missverständnisse. Einige Ehefrauen sind wie Registrierkassen: Alles muss bei ihnen gesammelt und geprüft werden. Sie kamen beide mit der Situation nicht zurecht. Seine Frau war ihm keine Stütze. Vielleicht liebten sie sich nicht wirklich, aber sie haben einander auch nicht gehasst. Am Ende sahen sie einfach aneinander vorbei, bis ein Richter ihnen schließlich die Freiheit wiedergab.

Er nahm sein gewohntes Leben wieder auf, das dem unbeteiligten Beobachter vielleicht ziellos vorkommt, hinter dem sich aber nichts anderes versteckt als die Angst und die Krankheit des Lebens. Währenddessen zehrten seine nachlässige Führung des Hotels und eine kostspielige Sanierung gefährlich an seinem Erbe. Jahr für Jahr stieg der Schuldenberg an und bedrohte schließlich das Hotel wie eine unheilbare Krankheit.

Wäre er nur ein bisschen unehrlich gewesen, hätte er seine Haut retten können. Doch das Bewusstsein, dass er dann Menschen mit in den Ruin gezogen hätte, die ihm geholfen hatten, verbot ihm, die üblichen krummen Wege einzuschlagen. Der Ruin ließ nicht lange auf sich warten: Am Ende musste er alles verkaufen. Ihm blieb nicht ein Pfennig.

Mit den Händen in der Tasche verließ er das Haus, in dem er geboren und aufgewachsen war, in dem er mit seiner Mutter, den Freunden und einige Jahre auch mit einer Ehefrau gelebt hatte. Es gehörte ihm nicht mehr. Er besaß nichts mehr, nicht einmal einen Platz zum Schlafen, und trotzdem war sein strahlendes Lächeln nicht erloschen.

Aber wer ihn kennt, sieht, dass über seinem Gesicht heute ein trauriger Schatten liegt, der ihn wohl bis ins Grab begleiten wird wie eine Tätowierung. Er lebt von Gelegenheitsarbeiten und schläft, wo es ihm gerade einfällt. Manchmal übernachtet er bei den wenigen Menschen, die man an den Fingern einer Hand abzählen kann.

Man könnte jetzt natürlich fragen, ob er aus der Geschichte etwas gelernt hat, aber das ist nicht der Fall. Von dieser gewissen Traurigkeit abgesehen, ist er wie immer. Vielleicht ein bisschen gealtert.

Mit seinen letzten zehntausend Lire lädt er alle Welt ein, bis sie verbraucht sind. Zehntausend Lire (zehn Mark) reichen nicht weit, aber er würde mit dem Zehn- oder Hundertfachen genauso umgehen.

Eines Tages, als er wirklich in Schwierigkeiten war, bot ich ihm eine kleine Summe an. In seinen guten Zeiten war ich oft von ihm eingeladen worden, und wir hatten immer alles geteilt, er und ich: Ich hätte ihm gerne mehr gegeben, aber da ich noch kein toter Künstler bin, verdiene ich ungefähr so viel wie ein Waldarbeiter.* Fünf Minuten später war er schon wieder pleite. Zu meinem Erstaunen er-

* Der Autor lebt von dem, was der Verkauf seiner Skulpturen ihm einbringt. (A. d. Ü.)

zählte er mir, er habe das Geld jemandem gegeben, der es noch dringender gebraucht habe als er.

Solch einem Menschen kann man nur mit Achtung begegnen, auch wenn er einen manchmal wütend macht. Der berühmte Biograf des Flüchtigen, der Soziologe Francesco Alberoni, schreibt, dass ein so großzügiges Kind innerhalb eines Familiengeschlechts nur alle fünf Generationen zur Welt kommt. Mein Freund gehört mit Sicherheit zur fünften.

Manchmal gehen wir zusammen in sein Hotel – für mich wird es immer seines bleiben – und trinken ein Glas miteinander. Beim Eintreten versucht er den Ansturm der Gefühle und Erinnerungen zu verbergen, der ihn überfällt. Einen Augenblick bleibt er still stehen, um den Tumult des Herzens zu bändigen. Dann dreht er die rechte Hälfte seines Schnurrbarts zwischen Daumen und Zeigefinger. Sein ganzes Leben scheint noch einmal vor ihm abzulaufen. Er sieht seine Mutter hinter der Bar und alles, was er in diesen Räumen erlebt hat. Was er dabei empfindet, sagt er nicht. Er studiert nur die Mauern, die Decke, die Ecken des Raumes und bemerkt jede kleine Veränderung. Bloß am Ende fällt es ihm schwer zu gehen. Natürlich, denn wenn er diesen Ort verlässt, trennt er sich von seinem Leben.

Draußen tröstet er sich dann, indem er mir sagt, dass wir ins Grab schließlich nichts mitnehmen können und dass wir letzten Endes alle alles verlieren. Ich antworte ihm, dass er vielleicht eines Tages belohnt werde, wenn die Menschen endlich den Reichtum der Menschlichkeit entdecken würden. Dann würde er reich sein, denn an Menschlichkeit sei er allen überlegen, die ich kenne.

Ich war meinem Freund diese wenigen Zeilen schuldig. Und sei es nur, um ein wenig den Nimbus des Esels von ihm zu nehmen, den die Klatschmäuler mit den vollen Bäuchen ihm so selbstgefällig verliehen haben. Soll der Kaiser wenigstens ein bisschen von dem bekommen, was des Kaisers ist. So ist diese Geschichte entstanden, die kleine, wahre und doch große Geschichte von M. P., der ins Unglück stürzte wegen einiger weniger Schwächen, aber vor allem wegen zu viel Güte.

Die Rückkehr

Zu Beginn eines Sommers tauchte er auf. Es mochte Ende Juni sein oder Anfang Juli, jedenfalls war es heiß. Trotzdem war niemand auf den Wiesen draußen, um Heu zu machen. Im Oktober vor drei Jahren war alles geschehen, und seitdem fehlte es den Menschen an Mut. Die Leute hatten einfach keine Lust mehr, noch einmal von vorne anzufangen. Nachdem das Wasser des Vajont alles mit sich gerissen hatte, waren die Herzen der Menschen teilnahmslos geworden, müde und gleichgültig. Es sollten Jahre vergehen, bevor die Leute darüber hinwegkamen und wieder Vertrauen ins Leben und in ihre Arbeit fassten.

Die Ankunft eines Unbekannten bleibt in einem kleinen Bergdorf nicht unbemerkt. Und eine Gestalt wie er fiel ohnehin sofort ins Auge. Er schien etwa fünfzig Jahre alt zu sein. Groß und mit breiten Schultern sah er aus wie der gute Held in einem Western. Sein langes Haar hatte die undefinierbare Farbe, die das Alter ihm verleiht, wenn sich seine ursprüngliche Farbe immer mehr mit Weiß vermischt. Er hatte einen ungepflegten Bart, wie er heute so in Mode ist. 1966 jedoch war dies ein untrügliches Zeichen dafür, dass man es mit einem Landstreicher oder einem anderen armen Teufel zu tun hatte. Heute tragen viele Männer ihren Bart voller Stolz lang, vielleicht weil sie glauben, dass er ihnen eine Sicherheit verleiht, die sie in sich nicht mehr fühlen. Aber natürlich sind wir alle, ob mit oder ohne Bart, zu Bettlern des Lebens geworden.

Der Mann richtete sich unter einem Vordach ein, auch zum Schlafen: eine kluge Wahl, denn auf diese Weise konnte er, ohne sich groß zu bewegen, ganz nach Lust und Laune die Wärme der Sonne oder die Kühle des Schattens genießen. Seine Kunst war das Schweigen.

Mit dreizehn Jahren war er zusammen mit seinen Eltern nach Turin gezogen. Nach Jahren der Erniedrigung und der harten Arbeit kamen die beiden ins Dorf zurück, wo sie – kurz nacheinander – starben, zuerst der Mann und dann die Frau, wie es fast immer geschieht. Man begrub sie nebeneinander, weil in der kurzen Zeit zwischen den beiden Todesfällen niemand sonst im Dorf gestorben war. Die Beerdigungen fanden in Abwesenheit ihres einzigen Sohnes statt, den man nicht ausfindig machen konnte. Niemand wusste etwas über ihn.

Der schweigsame, rätselhafte Unbekannte jenes Sommers mit dem gütigen Gesicht erregte allgemein Interesse und Neugier. Seine Mahlzeiten bestanden aus Brot und Mortadella. Beides kaufte er in dem kleinen Wirtshaus mit Geschäft, das nach der Katastrophe auf gut Glück wieder eröffnet hatte. Wenn die Sonne die Berge mit ihren letzten Strahlen erleuchtete, setzte er sich vor das Vordach, legte sein Päckchen mit der Wurst auf die steinerne Schwelle und öffnete es bedächtig. Dann zog er das Brot aus der Tüte und begann geruhsam zu kauen. Während dieses Rituals hielt er den Blick auf die Straße gesenkt. Er schien Hunger zu haben, trotzdem aß er mit langsamen und gemessenen Gesten. Er biss nie direkt vom Brot ab, sondern brach es zuerst in kleine Brocken. Dann teilte er mit einem kleinen Taschenmesser die großen Mortadellascheiben in kleine Stücke und legte diese auf sein Brot. Dazu nahm er des Öfteren einen guten Schluck aus einer Rotweinflasche, die er unweigerlich zu jeder Mahlzeit leerte.

Die Reste bot er den Katzen an, die sich an seinen Tagesplan gewöhnt hatten und in der Nähe warteten.

Ansonsten verbrachte er den Tag im Wirtshaus, immer allein und mit einem Viertel Wein neben sich. Wenn jemand ihm Fragen stellte, antwortete er entweder einsilbig oder gar nicht.

Nach dem Unglück am Vajont waren in unserem Dorf eine Menge Comichefte angekommen, die ich mit wahrer Gier verschlang. Dieser Mann war für mich das Fleisch gewordene Bild des einsamen Helden, der über die Prärien meiner Hefte ritt. Daher hegte ich ihm gegenüber eine spontane Sympathie.

Von kindlicher Bewunderung getrieben wagte ich eines Tages, mich ihm zu nähern. Er drehte sich gerade eine Zigarette. Auf dem Stein lag noch ein Rest von seiner Mahlzeit, den er mir lächelnd anbot. Ich nahm an, weil ich Angst hatte, ihn zu beleidigen.

Er fragte mich, »wem ich gehörte«, das sollte heißen: Wer sind deine Eltern? Ich sagte es ihm, aber er kannte sie nicht. Er konnte sich an niemanden mehr erinnern, trotzdem sprach er perfekt unseren Ertaner Dialekt; den hatte er nicht vergessen.

Während ich an einem Stück Brot knabberte, beobachtete ich ihn. Ich hatte kein bisschen Angst vor ihm, weil er beim Sprechen immer zur Erde sah. Nur wenn er die Wichtigkeit des Gesagten unterstreichen wollte, hob er den Blick und sah mich durchdringend an. Und seine Züge sagten mir alles. Das menschliche Gesicht ist wie die Blackbox eines Flugzeugs: Es zeichnet alle Gefühle auf, die unser Leben geprägt haben. Wenn ein Flugzeug abstürzt, dann sucht man in den Wrackteilen zuerst nach der Blackbox, um die Ursache des Unglücks herauszufinden. Auch er war gestürzt und zerbrochen. Seine Blackbox allerdings lag nicht irgendwo unter den Trümmern: Sie war in seinem Gesicht, und sie erzählte von einem unglücklichen Leben. Kummer, Enttäuschungen, Selbstvorwürfe und Melancholie hatten es gezeichnet, doch war darin auch eine resignierte Gelassenheit zu lesen, die nur der hat, der niemand anderem die Schuld für sein Scheitern gibt.

Er hatte sein Los akzeptiert, das ihn zum Leiden verdammte, und dies verlieh ihm eine unerschütterliche Kraft. Seine klaren Augen ließen kein Zeichen von Berechnung, Taktik oder Zorn erkennen. Wenn man ihn betrachtete, spürte man sofort, dass er früher ein Kämpfer gewesen sein musste, auch wenn er jetzt nichts mehr darum gab. Daher stritt er sich nicht lange herum. Diskussionen, Worte, Begründungen hatten für ihn keinerlei Bedeutung mehr.

Er wollte nur einfach sein Dorf wieder sehen. Die Kraft der Wurzeln war es, die ihn anzog, die Erinnerungen der Kindheit, vielleicht auch das dunkle Vorgefühl drohenden Unglücks. So war er zurückgekehrt, um das Grab seiner Eltern zu besuchen. Doch eben diese Genugtuung konnten wir ihm nicht bieten: Unser Friedhof ist klein, daher werden nach zwanzig Jahren die Gräber aufgelassen, um Platz zu machen für die neuen Toten. Die Knochen wandern in eine Kiste aus Zink und werden im Gemeindegrab beerdigt. Nicht einmal als Toter hat man seine Ruhe.

Es war so viel Zeit vergangen, dass auch die Überreste seiner Lieben mittlerweile dort lagen. Das schien wie ein Gewicht auf seiner Brust zu lasten, eine Art Reue, die ihn überkam und die nicht wieder verschwand. Denn im Grunde war es ja seine Schuld. Warum war er nicht früher gekommen, als die Gräber noch schön mit Kreuzen und Namen versehen waren? Voller Scham erklärte er mir, dass es Tore gab, durch die man nicht einfach hindurchschreiten könnte, selbst wenn man wollte: Vorher musste bezahlt werden.

Dann tröstete er sich, weil die Seinen ja immerhin auf dem Kirchhof lagen (er sagte wirklich: »Kirchhof«) zusammen mit all den anderen. Auch sein altes Haus fand er nicht mehr. Das Wasser des Vajont hatte es mitgerissen. Nur die Fliesen des Fußbodens waren noch übrig. Man sagte ihm, dass das Dach schon vor der Tragödie unter dem Gewicht des Schnees eingebrochen war. Und er meinte, es wäre ihm lieber so. Besser weg als vollkommen verfallen. Aber ab und zu sah man ihn, wie er auf den Steinfliesen saß und mit beiden Händen diese letzten Zeichen seines einstigen Heimes sauber rieb.

Und noch eine Schwelle überschritt er in unserem Dorf, außer der des Wirtshauses: Er fing an, in die Kirche zu gehen, vorzugsweise morgens, wenn noch niemand dort war. Meistens blieb er ein paar Minuten und ging dann wieder.

Während seines kurzen Aufenthalts an den Orten, wo seine Wurzeln lagen, stellte er keine Fragen. Er bat nicht um Erklärungen, Begründungen und wollte nicht wissen, was geschehen war. Alles, was ihm geblieben war, war nunmehr seine Erinnerung. An greifbaren Dingen gab es nur noch die paar Steinfliesen. Was hätten irgendwelche Erläuterungen ihm also genützt? Wenn ein Mensch sich gehen lässt, lebt er in den Tag hinein und braucht keine Erklärungen: Er nimmt sein Schicksal an und basta.

In einer solchen Verfassung ist es normalerweise schwierig, gelassen zu bleiben, er aber war es. Hätte er etwas verlangt, hätte er es vielleicht sogar bekommen: ein Erbe, etwas Unterhalt, ein Stück Land. Seine Eltern hatten in dieser Gegend schließlich ein paar Wiesen besessen. Aber diese Art zu denken war ihm fremd geworden. Materielle Güter interessierten ihn nicht mehr. Was er sehen wollte, hatte er gesehen, oder vielmehr, hatte er nicht gesehen, weil es nicht mehr existierte. Aber immerhin hatte er es im Herzen gespürt, das ja.

Es war Zeit zu gehen.

»Nächsten Sommer komme ich zurück und bleibe ein wenig länger«, sagte er eines Tages vage zu mir.

Ich hatte nicht geglaubt, dass er so bald wieder weiterziehen würde. Niemand hatte ihn gesehen, wie er kam, und niemand sah ihn verschwinden. Eines Abends bemerkte ich, dass unter dem Vordach keiner mehr war. Ich dachte, er käme vielleicht noch später oder hätte sich einen anderen Platz gesucht. Aber auch am folgenden Abend legte er sein Päckchen nicht auf den Steinstufen nieder. Da verstand ich und wurde ein wenig traurig.

Wir waren Freunde geworden. In diesen zehn Tagen seines Aufenthalts hatte er mir beigebracht, wie man Zigaretten dreht, und mir vom Leben erzählt. In dieser kurzen Zeit in Erto sprach er niemals von Beziehungen, die er in der großen Stadt vielleicht gehabt oder verloren hatte.

Es dauerte lange, bis ich diesen Helden mit dem melancholischen Blick vergaß. Noch im Winter streifte ich seine vom Schnee bedeckte Stufe mit wehmütigem Blick.

Doch schließlich schloss das Ende der Kindheit auch diese Wunde, und der gütige Riese wurde Erinnerung.

Jahre später hörte ich zufällig wieder von ihm, als ich mich mit Leuten aus dem Dorf unterhielt. Herzlosen Leuten, die erzählten, dass er ein Trinker war, ein Taugenichts, der kurz nach seinem Besuch in Erto einen tödlichen Unfall gehabt hatte. Im Herbst war er in der Autometropole Turin überfahren worden.

Wer weiß, vielleicht war es gar kein Unfall, sondern die Folge eines lange gefassten Entschlusses.

Svalt

Oft waren bei unseren Wilddiebereien erboste Jagdhüter hinter meinen Freunden und mir her. Normalerweise sind die Jagdhüter eher nachsichtige Leute, vor allem wenn sie schon älter sind. Haben sie aber das Gefühl, dass man sich über sie lustig macht, werden sie ungenießbar. Wenn dann der Wilddieb noch, angefeuert von ein paar Gläschen Wein, in der Osteria mit seinen Heldentaten prahlt, kann er sicher sein, dass sie bis an sein Lebensende stets ein wachsames Auge auf ihn haben werden. Und wie das Leben so spielt, tappt man bei der einen oder anderen Gelegenheit in die Falle.

Irgendwann kommt dieser Moment mit Sicherheit. Wenn man eine Handlung, und sei sie noch so banal, ein ganzes Leben lang immer und immer wieder ausführt, dann kann man sicher sein, dass man eines Tages erwischt wird. Das gilt für alles, was wir Menschen tun. Über allem, was wir im Leben unternehmen, schwebt drohend das Schwert, mit dem das Schicksal uns unversehens Einhalt gebietet.

Nicht einmal die, die friedfertig jeder Gefahr aus dem Weg gehen, die sich bescheiden durchschlagen und sparsam das Kapital ihrer Erdentage hüten, entgehen diesem Gesetz. Sie rechnen auf ein langes Leben und glauben, mit ihrer törichten Vorsicht könnten sie den entscheidenden Augenblick hinauszögern. Aber in das gefährliche und faszinierende Spiel des Lebens werden manchmal auch seine Zaungäste hineingezogen, jene, die mit den Taten der anderen gar nichts zu schaffen haben.

Vor Jahren – es könnte 1970 gewesen sein – gingen wir einmal zu viert im Mai, noch während der Balzzeit auf Birkhahnjagd. Unser Ziel war die Höhle von Bosco Nero im urtümlichen Montina-Tal, das sich an den Nordhang des Monte Duranno schmiegt.

In unserem Trupp waren zwei Brüder. Der Erstgeborene ist heute alt und ausgebrannt; er tut nichts anderes mehr, als von einem Hügel in der Nähe seines Hauses nach Gämsen Ausschau zu halten – in Gesellschaft einer Zweiliterflasche Wein. Der Jüngere hatte rote Haare und einen kurzen Bart. Er sah auf verblüffende Weise aus wie van Gogh und hieß Svalt. Er schien alles andere zu sein, nur kein Jäger.

Der Dritte hieß Sepp, ein brüderlicher Freund, der an einem ersten Mai ganz plötzlich starb, auf der Küchenbank, mit ungläubigem Blick und das Glas noch in der Hand. Ich war der Jüngste der Gruppe.

Wir brachen im Schutz der Mitternacht auf, eine kluge Regel für Wilderer und alle, die nicht gesehen werden wollen. Schweigend und ohne die Taschenlampe einzuschalten gingen wir dahin. Wir wanderten die ganze Nacht, am Morgen erreichten wir den Tatort.

Wir hatten Proviant für acht Tage dabei und außerdem drei Zwillinge, doppelläufige Gewehre, nur Svalt, der »Rote«, trug keine Waffen. Er liebte die Tiere und hätte nie eines getötet. Als Junge war er in einem Internat für Waisen in der Gegend von Udine aufgewachsen. Daher fehlte ihm die Lust am Wildern, die hier in den Bergen fast selbstverständlich ist. Aber es machte ihm Freude, mit uns durch den Wald zu streifen, ein bisschen zu meditieren und – wie er sagte – der Natur zu lauschen.

Es war nicht das erste Mal, dass er uns begleitete. In seinem Rucksack trug er alles Mögliche mit, sogar ein kleines Essbesteck. Ja, er war anspruchsvoll. In seinem Internat hatte er die Liebe zur Literatur erfahren. Daher hatte er immer zwei oder drei Bücher dabei, um seiner Leidenschaft auch an so entlegenen Orten wie der Höhle von Bosco Nero nachgehen zu können. Tagsüber, wenn wir mit anderen Dingen beschäftigt waren, las er und kochte für alle. An sonnigen Nachmittagen wanderte er auf den noch feuchten Lichtungen zwischen den letzten Schneeflecken umher und stach mit einem Messer die ersten Sprosse des wilden Radicchio, die wir abends aßen. Er trug fast ständig eines dieser schweren, gefütterten Militärhemden, die vorne zwei Brusttaschen mit Knopfverschluss hatten.

Die Höhle von Bosco Nero war in diesen Tagen unser Heim. Sie ist etwa dreißig Meter lang und einige Meter tief. Durch ihre günstige Lage ist sie ständig den Sonnenstrahlen ausgesetzt und daher immer trocken. Dieser Ort bildete schon seit Jahrhunderten den idealen Unterschlupf für Wilddiebe. Auch heute noch kann man dort die aus rohen Stämmen gezimmerten Bettgestelle sehen und die Schutzwände, die aus Natursteinen ohne Mörtel aufgeschichtet sind. Weiter oben stand noch eine Hütte, die heute verfallen ist. Aber was ein echter Wilddieb ist, der schläft nicht in Hütten.

An diesem Ort wollten wir also mindestens eine Woche bleiben. Die ersten vier Tage verliefen ruhig. Wir machten genügend Beute, und tagsüber wärmte uns eine freundliche Sonne, die alles rundum verschönerte. Die Birkhahnjagd im Frühling spielt sich nur während eines kurzen

Zeitraums bei Tagesanbruch ab. Nach diesen wenigen Minuten der Spannung verblieben vom Tag noch mindestens zwanzig Stunden, die wir mit süßem Nichtstun füllten. Um die Zeit totzuschlagen, gingen die beiden anderen Freunde in den Höhen von Collalto und Cima Gea auf Gämsenjagd. Ich schnitzte mit dem Taschenmesser ein paar schöne Stöcke oder erkundete die Zinnen des Duranno. Svalt hingegen las und ersann neue Gerichte.

Das Dasein in diesem einsamen Tal war angenehm. Wir lebten völlig unberührt von der Welt in einem Rausch von Stimmen und Farben. Es war Frühling, alles rundum erneuerte sich, und auch wir legten die tristen Gedanken ans Alltagsleben bald ab. Die Stimme des Kuckucks begleitete uns und sang ein wehmütiges Lied. Abends plauderten wir stundenlang am Feuer, Wein trinkend und Zigaretten drehend. Bevor wir einschliefen, löschten wir die Kerzen und jeder von uns erzählte im Dunkeln ein Abenteuer. Dann überkam uns eine laue Trägheit und unsere Stimmen verstummten, eine nach der anderen. Der Schlaf trennte uns von dieser magischen Lichtung, die von den Geistern des Waldes bewohnt war.

Am fünften Tag wurde der Zauber der Ferienzeit plötzlich rüde gebrochen. Es war schon hell, und die Jagdpartie war äußerst erfolgreich verlaufen. Sepp hatte zwei fantastische Birkhähne erlegt und wollte sie nicht unter dem Schneebrett verbergen, das uns für diese Zeit als Kühlschrank diente, sondern nahm sie mit hinunter zur Höhle, um sie von uns bewundern zu lassen. Er machte das immer, wenn er uns etwas voraus hatte, um uns damit zu ärgern.

Wir hatten ein großes Feuer angezündet und genossen gerade die ersten Sonnenstrahlen, als Svalts Bruder, der Wache stand, Hals über Kopf auf die Lichtung stürzte und zischte:

»Ai è ochì!« Sie kommen!

Wer da kam, war klar. Es konnte sich nur um den Arm des Gesetzes handeln. Schnell stiegen sie den Abhang herauf. Auch sie waren zu viert, und wir erkannten an der Uniform, dass da zwei Jagd- und zwei Waldhüter auf uns zukamen. Sie mussten aus Cadore kommen. Nun war höchste Eile geboten. Im allgemeinen Durcheinander riss ich Svalts Hemd an mich, das auf einem Zweig hing, wickelte die beiden Birkhähne und die Flinte mit dem abgesägten Lauf darin ein und verbarg alles hastig unter einer Kiefer.

Svalt rührte sich nicht. Er lag ganz entspannt auf seinem Laubbett und hatte die Arme unter dem Nacken verschränkt.

»Ich laufe nicht weg. Schließlich habe ich ja mit eurer Jagd nichts zu tun«, sagte er. »Ich habe nichts getan, und folglich habe ich auch nichts zu befürchten.«

Wir drei verschwanden zwischen den Bergkiefern Richtung Frati. Erst am späten Nachmittag kehrten wir zur Höhle zurück. Svalt las. Er begrüßte uns mit einem Brummen, aber ich merkte sofort, dass er ziemlich ernst war. Wir fragten ihn, wie es gelaufen sei.

Er fing ganz von vorne an. Die Jagdhüter hatten ihn ausgefragt.

»Guten Tag.«

»Guten Tag. Was machen Sie hier in dieser Gegend?«

»Ich lese.«

»Gehen Sie immer so weit, wenn Sie lesen wollen?«

»Ja, ich möchte meinen Frieden haben.« Svalt sprach meistens wenig. Er war ein eher einsilbiger Typ.

»Sind Sie allein?«

»Ich bin allein, aber dort drüben habe ich Stimmen gehört«, sagte er und deutete Richtung Spalla hinüber, also in die unserem Fluchtweg entgegengesetzte Richtung.

Während Svalt noch mit den Jagdhütern sprach, kontrollierte einer der Waldhüter jeden Winkel der Höhle, und wie der Teufel es haben wollte, bemerkte er natürlich auch das Bündel, das ich in der Eile unter der Kiefer versteckt hatte. Er holte es heraus, sah, was es enthielt, und ging zu Svalt hinüber.

»Gehört das dir?«

»Nein«, antwortete Svalt.

»Kennst du dieses Gewehr?«

»Nein?«

»Und was ist das?«, fragte er ihn, die Birkhähne in die Höhe haltend.

»Keine Ahnung.« Svalt hob den Kopf nicht, während er antwortete, und tat weiterhin so, als lese er.

»Wenn dir diese Dinge nicht gehören, weißt du dann wenigstens, wem sie gehören?«

»Nein.«

Der Hüter des Gesetzes ging zu seinen Kameraden hinüber, um sich mit ihnen zu beraten. Dann kehrte er zu Svalt zurück, der immer noch auf seinem Laubbett lag, und beugte sich über ihn. Blitzschnell hielt er ihm etwas unter die Nase und grinste:

»Und den da, kennst du den wenigstens?«

Svalt ließ sich nicht aus der Ruhe bringen, auch wenn er bass erstaunt war:

»Hm ... das bin wohl ich.«

Er hatte, bevor wir losgezogen waren, vergessen, den Geldbeutel aus seinem Militärhemd zu nehmen. Geld war, wie üblich, nicht darin, wohl aber sein Ausweis. Der Waldhüter hatte ihn beim Durchsuchen des Kleidungsstücks gefunden.

Er verriet uns nicht. Man machte ihm den Prozess, und er bezahlte eine Schuld, die in Wahrheit die unsere war. Wir besorgten ihm das Geld für die Strafe, und er kassierte drei Monate auf Bewährung wegen des Gewehrs.

In den Jahren, die ihm noch blieben, machte er sich einen Spaß daraus, in den Wirtshäusern immer wieder diese unglaubliche Geschichte zu erzählen. Er trank ziemlich viel.

Zehn Jahre später, im Juli, trafen wir uns alle vier wieder einmal in Sepps Haus in den Bergen. Svalt hatte sich schon seit mehreren Stunden in den Heuschuppen zurückgezogen. Schließlich machte ich mich, ein wenig besorgt, auf die Suche nach ihm. Er lag auf der Seite. Sein Gesicht war bleich, und er knabberte durstig an einer Wassermelone. Neben ihm lag ein geschlossenes Buch: *Die wahre Geschichte vom Räuberhauptmann Serafino Castagna.*

Er sagte, dass ihm nicht gut sei. Auf dem Heuhaufen, auf dem er geschlafen hatte, entdeckte ich große Blutflecken. Die Zirrhose war dabei, ihm den Todesstoß zu versetzen. Ich bettete ihn auf den Holzschlitten und schnürte ihn fest, um ihn ins Tal zu bringen. Seine inneren Blutungen wurden immer stärker.

»Ich bin schon fast tot. Begrab mich hier«, flüsterte er mir mit ersterbender Stimme ins Ohr.

Ein paar Minuten später fiel er bereits ins Koma.

Wie ein Pfeil sauste ich ins Tal hinab und jagte mit dem Schlitten aufs Dorf zu. Als wir am Krankenhaus ankamen, lebte er noch, aber schon am nächsten Tag war er tot.

Svalt, der Poet, der Freund, der Bücherliebhaber, der niemals auf die Jagd ging, war erst vierzig Jahre alt.

Mein Bruder

An einem schönen, sonnigen Morgen sah ich meinen Bruder wieder, 28 Jahre nach seinem Tod.

An einem regnerischen Tag im März 1968 war er nach Deutschland abgefahren. Er war damals noch keine 18 Jahre alt und glaubte sicher nicht, dass er solch ein Ende nehmen würde. Doch das Schicksal eines Menschen erfüllt sich manchmal an einem gewöhnlichen Tag im November. Ein Moment, und das Leben meines Bruders war besiegelt.

Es war früher Nachmittag und wir kamen gerade aus den Bergen zurück. Kaum hatten wir die mit Holz beladenen Schlitten an der Landstraße angehalten, hielt auch schon ein großer, schwarzer Wagen direkt neben uns. Die Tür öffnete sich, und heraus kam der Tod.

Er war als wunderschöne Frau verkleidet, zumindest erschien sie uns außergewöhnlich: groß, um die Vierzig und ganz in Schwarz gekleidet. Ihr Begleiter blieb am Steuer sitzen. Es ist immer klug, eine Frau vorauszuschicken, wenn man jemanden überzeugen will.

Sie begrüßte uns und verwickelte uns in ein Gespräch, wobei sie immer wieder betonte, wie gut wir doch aussähen:

»Richtig hübsche Jungs!«, rief sie aus.

Das machte mich sofort misstrauisch, denn wenn diese Bemerkung auf meinen Bruder auch zutreffen mochte, war sie einfach falsch, was mich angeht. Schon von Kindesbeinen an war mir klar, dass ich eher hässlich war. Die Menschen in meiner Umgebung ließen daran keinen Zweifel.

Nachdem die Dame in Schwarz also dergestalt unser Loblied gesungen und uns mit falschen Komplimenten traktiert hatte, kam sie zum Kern der Sache: Sie fragte uns, ob wir nicht nach Deutschland kommen wollten, um dort in ihrer Eisdiele zu arbeiten.

»Es ist ja nur für neun Monate«, sagte sie mit schmeichelnder Stimme, als würde sich dadurch die Zeit auf höchstens eine Woche verkürzen.

Sie erzählte uns von all den Vorteilen und Privilegien, die wir in jener Stadt genießen würden, und vor Begeisterung vergaß sie ganz, uns zu sagen, dass wir dort 18 Stunden am Tag zu arbeiten hätten. Diese Tatsache erfuhr ich erst viel später aus einem Brief meines Bruders.

Sein Name war Felice, der Glückliche, aber trotz dieses verheißungsvollen Namens ist er nur sehr selten glücklich gewesen. Vielleicht beim Bergsteigen oder beim Fangenspielen im Wald. Ansonsten hatten wir von den frühesten Tagen unserer Kindheit an mit allen Abstufungen der Armut zu kämpfen und uns schließlich in der Bedürftigkeit fest eingerichtet.

Die Hilfeleistungen für die Überlebenden der Tragödie am Vajont hatten diese Armut ein wenig gemildert, trotzdem hatten die harten Jahre auf seiner Seele Narben hinterlassen. Der Vorschlag der Dame schien endlich die Lösung zu bringen; also sagte er zu. Auch ich hätte fast eingeschlagen, aber dann war der Ruf des Waldes doch stärker, und so widerstand ich den finanziellen Luftschlössern. Ich konnte meine Wälder nicht verlassen, die Berge und den Frühling.

Mein Bruder machte gewöhnlich nicht viele Worte, aber dieses eine (und meines Wissens das einzige) Mal redete er auf mich ein, ich solle doch mitkommen. Nie werde ich seine flehenden Augen vergessen, als er versuchte, mich zu überreden.

Wir waren zusammen groß geworden, untrennbar wie Zwillinge, und vor dieser schicksalhaften Begegnung hatte nichts uns zu trennen vermocht. Ich hatte ihn immer beneidet, denn obwohl er ein Jahr jünger war als ich, überragte er mich doch bereits um ein ganzes Stück. Außerdem sagten die Mädchen, dass er gut aussehe.

Nach dem Unglück am Vajont hatten wir gemeinsam drei Jahre im Collegio Don Bosco in Pordenone verbracht, wo wir die Sekundarstufe hinter uns brachten. Wir hatten im selben Klassenzimmer Unterricht, und unsere Betten im Schlafsaal lagen nebeneinander. In all dieser Zeit habe ich ihn niemals ein Buch lesen sehen. Auch seine Schulbücher würdigte er kaum eines Blickes.

Jeden Abend nach der Andacht hatten wir eine halbe Stunde der Sammlung, in der wir an Gott denken sollten. Einzig diese kurze Zeit gehörte ganz uns, und statt sie dem Göttlichen zu widmen, senkte Felice die Stimme und sprach mit mir über unser Haus in Erto, über die Wanderungen, die wir in den letzten Sommerferien unternommen hatten und die wir im nächsten Jahr machen würden.

Er war ein noch größerer Naturliebhaber als ich. Die Jagd war ihm ein Gräuel, und mutig wie er war, stellte er sich gegen unseren Vater, weil er sie nicht ausüben wollte.

Die letzte gemeinsame Bergtour unternahmen wir im November, ein paar Tage vor der unheilvollen Begegnung mit der Dame in Schwarz. Wir bestiegen den Monte Citta im Zemolatal. Ein Onkel begleitete uns, den wir wegen seiner Schwindelanfälle auf den höher gelegenen, stark abfallenden Bergwiesen mit einem Seil sichern mussten.

Im folgenden Winter versuchte er noch hin und wieder, mich zu überreden. Ich sollte ihn nach Deutschland begleiten.

»Dann sind wir zu zweit«, meinte er. »Da vergehen die paar Monate wie im Flug.«

Schließlich kam der März und mit ihm der schwarze Wagen der Eisdielenbesitzer. Am Siebten dieses Monats reiste er ab.

»Ich gehe«, sagte er, »bevor der Kuckuck zu rufen anfängt. Sonst bleibe ich am Ende doch noch hier.«

Während wir uns umarmten, flüsterte er mir ins Ohr:

»Ich bringe dir eine Uhr mit. Wart's nur ab!«

Vielleicht glaubte er ja, dass auch Deutschland für seine Uhren bekannt war wie die Schweiz.

Er ging, ohne sich noch einmal umzudrehen, und stieg in den Wagen. Dieses Bild ist mir von ihm geblieben: Wie sein Rücken sich immer weiter entfernt.

Ich sollte ihn niemals wiedersehen. Am 30. Juni, vier Monate nach seiner Abreise, ertrank er in einem Schwimmbad in Paderborn. Es waren auch noch andere Leute im Becken, aber niemand konnte je erklären, was an diesem Tag genau geschehen ist.

Zusammen mit seinem Körper kamen vage und verwirrende Gerüchte zu uns. Erst viel später erfuhr ich, dass er, als man ihn aus dem Wasser gezogen hatte, am Kopf verletzt war.

Eine Woche nach seinem Tod brachten ein paar Beamte uns seine Leiche, und wir beerdigten ihn auf dem Friedhof von Erto. Von dem Ehepaar im schwarzen Wagen haben wir nie wieder etwas gehört, nicht einmal ein paar Worte des Beileids anlässlich der Beerdigung. Mein Vater, der trotz all seiner Fehler in dieser Situation eine große Würde bewahrte, zeigte niemanden an. Daher erhielt er für seinen minderjährigen Sohn – im Dezember wäre er achtzehn geworden –, der nach Deutschland ging und dort starb, niemals auch nur einen Pfennig Schmerzensgeld.

Auf unserem Friedhof müssen nach einiger Zeit die alten Toten den jungen Platz machen. Daher bettet man die Verstorbenen um. Nach 28 Jahren war die Reihe an meinem Bruder.

An jenem Morgen schien die Sonne, und ein leichter Wind umfächelte das Dorf. Der Totengräber schaufelte langsam und respektvoll, wie er es bei solchen Gelegenheiten immer tut. Und in den Pausen erzählte er Geschichten aus der Zeit, als mein Bruder und ich noch Hütejungen auf den Almen seines Vaters waren.

Wir waren alle da: mein Vater, meine Mutter und mein jüngerer Bruder. Endlich einmal schweigend, ohne Streitereien und Diskussionen, so als hätte die Rückkehr Felices uns einen geheimen Pakt des Friedens auferlegt.

Schließlich war der Metallbehälter zu sehen, denn mittlerweile war der Sarg zu Erde geworden. Ich habe schon sehr früh gelernt, meine Gefühle zu bezähmen, doch der Augenblick, in dem der Behälter zum Vorschein kam, erschütterte mich zutiefst. Ich sah den Menschen wieder, der mit mir bis an die Schwelle des Erwachsenenlebens gegangen war, die er dann nicht mehr überschritten hatte, weil das Schicksal ihm ein brüskes Halt zugerufen hatte, und ich hatte allein ins Leben eintreten müssen. Mein jüngerer Bruder war altersmäßig zu weit von mir entfernt; er konnte mich nicht begleiten.

Zuerst überwältigte mich die Rührung, dann folgte eine stille Melancholie. Ich musste an die schwierigen Jahre denken und an die Gelassenheit, mit der er die Entbehrungen ertragen hatte. An die lang vergangenen Abenteuer unserer Jugend, deren größten Teil wir niemals gebeichtet hatten. An unsere gemeinsamen Pläne. An seine Entschlossenheit, der Armut zu entkommen. An unsere Hoffnung auf ein anderes Leben.

Als der Zinkdeckel abgenommen wurde, drang die Sonne in den Behälter ein und wärmte den Körper, der so lange Jahre unter der Erde gelegen hatte. Es war immer noch dieselbe Sonne, die uns damals glücklich in die Berge hatte ziehen sehen. Beim Öffnen des Deckels rutschte sein Kopf leicht nach vorne, als hätte die geliebte Sonne der Heimat, die so lange hinter der finsteren Wolke des Todes versteckt war, ihn plötzlich geblendet.

Er lächelte. Ich weiß nicht, welche geheimnisvollen Vorgänge die Leiche so gut erhalten hatten, aber sein Gesicht trug noch dieselben Züge wie einst. Es war mein Bruder, der da vor mir lag, und uns traurig anlächelte. Der Wind kam und spielte mit seinem Haar. Sein schönes, kastanienbraunes Haar war länger, als ich es in Erinnerung hatte. Ich erkannte die rotbraune Weste wieder, mit der er damals losgefahren war. Die auf der Brust gefalteten Hände schienen um Verzeihung zu bitten für diesen unvorsichtigen Sprung, der ihn uns für immer genommen hatte. Mit ihm im Grab lagen seine geringe Erfahrung und der Mut, den er bewiesen hatte, als wir uns an jenem Märztag zum letzten Mal sahen.

Nach Jahren ohne Tränen sah ich meine Mutter nun weinen. Mein Vater rauchte und blieb still.

Dieser unglückliche Junge, der seine geliebte, stille, alte Erde verließ, schien uns zärtlich zu tadeln. Mit schüchternem Blick hielt er uns an, die Zankereien aufzugeben, großzügig zu sein und uns gern zu haben.

Sein plötzliches Auftauchen aus dem fernen Reich des Hades und das Bedauern über sein tragisches Schicksal hinterließen ein vages Schuldgefühl in uns, weil wir so viel mehr Zeit gehabt hatten als er. Zeit, die wir mit kleinlichen Zänkereien, dummer und nutzloser Rache sowie sinnlosem Ärger verbracht hatten.

Trauer kam über uns, und jeder erinnerte sich an eine wichtige Begebenheit seines kurzen Lebens. Mein Vater zählte voller Reue all die Male auf, bei denen er ihn hart bestraft hatte – vielleicht weil er sich selbst quälen wollte, womöglich war er aber auch nur ehrlicher als meine Mutter. Ich schnitt ihm das Wort ab, sonst wären wir vermutlich bis Mitternacht auf dem Friedhof geblieben.

Eine halbe Stunde lang fühlten wir uns wieder vereint, alle zusammen, so wie früher. Am Ende verschloss der Totengräber die geliebte Erscheinung wieder in sein Behältnis, und mein Bruder kehrte in die Erde zurück, die er kurzzeitig verlassen hatte, um seine Lieben noch einmal zu sehen.

Während er wieder begraben wurde, wusste ich plötzlich mit Sicherheit, dass ich ihn nun niemals wieder sehen würde. Das Schicksal hatte mir eine Gelegenheit geschenkt, wie es auf Erden mit Sicherheit keine zweite mehr geben würde. Doch als mein Vater den Friedhof verließ, erweckte er in mir eine Hoffnung zu neuem Leben, die seit langem eingeschlafen war. Brummend murmelte er etwas, das mich aus seinem Mund wirklich erstaunte:

»Eines Tages sehen wir ihn wieder«, sagte er. »Wir sehen ihn wieder, aber nicht hier, sondern an einem anderen Ort.«

DER BERGRUTSCH

Die Prophezeiung

Erto bedeutet im Italienischen »steil«. Es gibt auch ein Dorf dieses Namens. Tatsächlich liegt dieses Dorf nur auf etwas abschüssigem Gelände, keineswegs auf einem jäh abfallenden Steilhang. Jäh war an Erto höchstens sein tragisches Schicksal, denn unter all den Dörfern im Tal hat es Erto sicherlich am härtesten getroffen.

In den uralten Stimmen aus der Vergangenheit hallt das Echo einstiger Tragödien und Unglücksfälle wider, und bereits der bloße Gedanke an sie erregt Furcht. Dort, an den Rändern der Zeit und der Lichtungen des Waldes, scheinen immer währende Flüche zu überleben, die stets aufs Neue auferstehen, um auf ihren düsteren Rossen durchs Dorf zu jagen und den Menschen jede Zuversicht zu nehmen. Dieses ständige Warten auf das Unglück hat das Gesicht der Ertaner verändert. In ihren Augen wohnt das würdige Schweigen, das sie von anderen Menschen unterscheidet.

Eine dieser alten Geschichten, die ich selbst noch von meiner Großmutter gehört habe und diese wiederum von ihrer Mutter, dreht sich um das Leben und die Prophezeiungen einer alten Ertaner Wahrsagerin. Unter den vielen

Prophezeiungen, die sie im Laufe ihres langen und geheimnisvollen Lebens aussprach, war eine, die sie oft und mit wahrer Leidenschaft wiederholte. Langsam und in mahnendem Tonfall murmelte sie:

»Erto wird zum Städtchen werden – und dann versinken.«

Auch die künftige Rolle der Frau sah sie voraus. Mit einer gewissen Ironie nahm sie hundert Jahre Frauenbewegung vorweg und verkündete:

»Quando la donna metterà i pantaloni, *li omeni no saran più i paroni.*« (Zieht die Frau erst Hosen an, ist der Herr nicht mehr der Mann.)

Die Dorfbewohner interessierten sich naturgemäß weit mehr für die erste Prophezeiung, die sie beunruhigte. Die Bergbauern verstanden erst gar nicht, wie ihr Dörflein aus Stein und Stroh, das sich – bewohnt von Waldarbeitern und Hirten – an die Hänge der Dolomiten klammerte, zuerst zum Städtchen werden und dann auch noch versinken sollte. Jahrzehnte später sahen sie, wie ein riesiger künstlicher Damm langsam Form annahm, wie eine gewaltige Betonwand sich zwischen die engen Mauern des Tales schob. Und nun begannen die Erben der Prophezeiung die Bedeutung dieser rätselhaften Worte zu ahnen.

Während der Stausee langsam wuchs, dachten sie voller Furcht an die Gestalt der alten Wahrsagerin und ihre schrecklichen Worte. Die Prophezeiung ging von Mund zu Mund, und in den Tagen der Bedrohung sprach man plötzlich wieder darüber.

Meine Großmutter, die weder lesen noch schreiben konnte, erzählte uns abends am Kaminfeuer die Geschichte der alten Magierin. Sie zeichnete ihr Bild in düsteren Farben, aber auch mit Wertschätzung und Respekt.

»Sie hatte viele Bücher«, sagte sie, »die bei ihrem Tod alle verschwanden.« Ich erfuhr, dass sie immer allein gelebt und einen großen Tonkrug, den *pignat,* besessen hatte. In dessen dunklem, schweigsamem Inneren hatte sie die Zukunft des Dorfes gelesen.

Ihr Haus ist in Erto heute noch zu sehen. Es liegt in einem Seitensträßchen des verlassenen Dorfes. Die Tür ist schmal und von dunkler Farbe: ein strahlendes, unverwechselbares Schwarz, wie es nur Holz hat, welches jahrhundertelang von Ruß und Rauch geschwärzt wurde. Aber so weit ich auch in meiner Erinnerung zurückgehe: Ich habe diese Tür niemals offen gesehen. Eines Tages fühlte ich mich versucht, in das Haus einzudringen, um die düsteren Kammern der Magierin zu sehen. Ich wollte ohne große Umstände einfach die Tür aufdrücken und eindringen. Vielleicht würde ich ja die Bücher finden oder den berühmten *pignat* oder wenigstens irgendeine Spur, die mir erlaubte, diese Gestalt, die durch die Erzählungen der Alten und die Träume der Kinder spukte, wieder aufleben zu lassen, obwohl sie sich mittlerweile im Dunkel der Zeit verloren hatte. Doch als ich ansetzte, um die Tür aufzudrücken, warf mir das schweigsame Holz mit seiner verblichenen Maserung einen vorwurfsvollen, ja drohenden Blick zu. Der untere Rand der Türe war bedeckt vom Staub der Zeit. Er war zwischen die steinerne Schwelle und das Türblatt eingedrungen und hatte die beiden mit diesem beunruhigenden und zerbrechlichen Siegel zusammengeschweißt.

Ich fühlte die geheime Gegenwart der Magierin, die dort drinnen immer noch atmete; schüchtern blieb ich stehen – ein wenig aus Furcht, ein wenig aus Achtung verzichtete ich darauf, das Haus durch mein Eintreten zu entweihen. Vielleicht hätte ich ja gar nichts gefunden. Auf jeden Fall hätte ich mit meinem unnötigen Eindringen den seltsamen Zauber zerstört, der zwischen diesen Mauern lebte.

Meine Großmutter erzählte mir, dass die Magierin Fremde im Dorf nicht mochte. Sie warnte die Bergbauern immer vor den Machenschaften derer, die nur auf der Durchreise waren. Aber als die Vorhut der Techniker kam, die sowohl die Einstellung der Leute als auch die Beschaffenheit der Felsen prüfen sollten, weil sie einen gigantischen Stausee aus dem Tal machen wollten, da vergaß das verwirrte Volk die Ratschläge der Wahrsagerin. Vielmehr glaubten die Menschen dem Sirenengesang, der von außerhalb kam, weil auch von Geld darin die Rede war, und Geld war zu dieser Zeit in Erto sehr knapp. Als dann das Projekt begann, warfen die Dörfler ihre Sensen, Hacken und Äxte weg und ließen sich massenweise am Staudamm anstellen. Es kam ihnen vor wie ein Traum, dass sie am Ende des Monats ein hübsches Sümmchen nach Hause tragen konnten, um ihre Familien davon zu ernähren.

Das Geld ersetzte alles Alte und brachte viele Veränderungen mit sich. Als Erstes verschwanden die Fahrräder.

Mit dem monatlichen Lohn kauften die jungen Leute strahlend neue Motorräder. Ich kann mich noch an mindestens zwanzig *Gilera 300* erinnern, die alle zugleich mit einem Affenzahn durchs Dorf donnerten. Einige der jungen Leute bezahlten ihre Arglosigkeit gegenüber den Stahlmonstern mit dem Leben. Andere wurden bei Grauen erregenden Stürzen wie durch ein Wunder gerettet. Natürlich muss Erfahrung erst gewonnen werden. Auf dem Weg dorthin gibt es die glücklich Davongekommenen und die Märtyrer des neuen Lebens.

Je höher der Damm wurde, umso stärker stieg der Wohlstand der Familien. Nach den Fahrrädern kamen die Möbel dran. Die alten Betten aus rotem Kirschholz mit den Einlegearbeiten aus Ahorn wurden zusammen mit den laubgefüllten Bettsäcken verbrannt und machten neuen Schlafzimmern von zweifelhafter Haltbarkeit Platz. Viele vertrugen die neuen Schaumstoffmatratzen nicht und wachten morgens mit Rückenschmerzen auf. Die Geburtenrate allerdings stieg stark an.

Fast jede Familie kaufte sich ein Radio. So gab es keinen Grund mehr, sich abends beim alten Svaldat zu versammeln und ihm zuzuhören, wie er Geschichten aus dicken Büchern vorlas, die er weiß der Teufel woher hatte. (Ein Titel ist mir noch in Erinnerung geblieben: *Die Herausforderung des Barletta.*)

Das Geld brachte viele Bequemlichkeiten mit sich. Doch diese isolieren die Menschen. Sie entheben sie der Notwendigkeit, sich mit ihresgleichen zusammenzutun, und verbannen sie stattdessen ins Haus, wo sie ängstlich, tatenlos und auf sich selbst bezogen dahinleben.

Die Ehrgeizigeren kauften sich sogar einen Fernsehapparat und ein Auto. Damit erregten sie den Neid der anderen, die es ihnen so bald wie möglich gleichzutun versuchten.

Schließlich kam das Jahr 1963. Der wirtschaftliche Aufschwung war gerade in vollem Gange und die Ära des Plastiks bereits angebrochen. Das Zeitalter der Armut schien endgültig besiegt zu sein. Der Damm war fast fertig.

Und für uns war das der Anfang vom Ende.

»Erto wird zum Städtchen werden – und dann versinken.«

Manchmal holte in den Wirtshäusern einer derer, die es immer besser wissen, den alten Spruch hervor. Doch mittlerweile hatte Erto sich verändert. Es war tatsächlich auf dem besten Weg, eine kleine Stadt zu werden. Nachts hörte man das Rauschen des Wildbachs nicht mehr, der sich seinen Weg durchs Tal bahnte, denn aus Bach und Tal war mittlerweile ein enormer Stausee geworden. An ruhigen Abenden spiegelte sich der Mond in der Wasserfläche dieses künstlichen Meeres. Und der Col Nudo sah ebenfalls hinein und erblickte zum ersten Mal nach Millionen von Jahren erfreut sein unwegsames Profil.

Tagsüber sah man auf dem dunkelgrünen See die Boote ziehen: Diese oder jene wohlhabende Persönlichkeit hatte sich am Ufer, zwischen den Lärchen, eine Sommerresidenz bauen lassen. Ein anderer wiederum rechnete mit einer glänzenden Zukunft und ließ dort in Stahlbeton den Rohbau eines dreistöckigen Hotels hinstellen. Dieses Schandmal hat die Flut überlebt und steht heute noch dort, ein absurdes, unbegreifliches Skelett an der Biegung von San Martino. Es war so hässlich, dass nicht einmal die Wasser des Vajont es mit sich nahmen. Sie rissen alles Schöne mit sich, dieses Ungetüm aber haben sie der Nachwelt überlassen – zum Gedenken.

In der Zwischenzeit waren auch viele Bars und Restaurants im Dorf entstanden. Schließlich wollten die zahlreichen Arbeiter und Techniker, die für den Dammbau nach Erto gekommen waren, verpflegt werden. Das Zusammenleben zwischen den Fremden und den Bergbewohnern gestaltete sich schwierig. Es kam zu diversen Zusammenstößen, Missverständnissen und gar Schlägereien, denn – wie die Natur es so will – die Fremden machten den Dorfschönheiten den Hof und diese waren beileibe nicht abgeneigt.

Nichtsdestoweniger schien alles seinen Gang zu gehen, und eine Zeit lang glaubte man tatsächlich an das Wunder des Fortschritts, an den Wohlstand, und daran, dass die Prophezeiung ja nur Humbug sei.

Aber eines Tages erwachte mit einem Ruck der Monte Toc. Er erwachte, weil das Wasser des Stausees ihn auf dem falschen Fuß erwischt hatte. Erstaunt bemerkte er, dass er ein wenig kleiner geworden war. Er war ein paar Meter nach vorne gerutscht. Besorgt wandte er sich an den Borgà, seinen Bergfreund, der ihm gegenüberlag und sagte zu ihm:

»Hör mal, das Wasser spült mir glatt die Füße weg, und diese Horde von eingebildeten Technikern, Ingenieuren und Geologen merkt es nicht einmal. Ich bin sicher, dass ich in diesen verfluchten See fallen werde, den sie da aufgestaut haben, und ich weiß nicht, wie ich sie warnen soll. Ich fühle mich schon seit einigen Tagen schwach und muss ihnen das irgendwie beibringen. Sogar die Bäume habe ich ein wenig nach vorne geneigt, damit sie meine Bewegungen bemerken, aber stumpf wie sie sind, ist ihnen nicht einmal das aufgefallen. Hilf mir, schlag Alarm, warne du sie, wo sie mir doch keinen Glauben schenken.«

Der Borgà, der sehr viel älter und daher auch weiser ist als der Monte Toc, antwortete traurig:

»Ich bin da auch machtlos. Diese Leute sehen und hören nicht. Sie sind nur trockene Techniker, die unsere Botschaften nicht verstehen: Pflanzen, Wasser, Geräusche – auf nichts davon hören sie. Kinder des Hochmuts sind sie, daher wenden sie eine Wissenschaft an, die den Regeln der Natur zuwiderläuft. Anders lässt sich nicht erklären, wieso sie glauben, reißende Wildwasser stauen zu können, ohne Konsequenzen fürchten zu müssen. Du weißt ja selbst, dass man früher oder später bezahlt, wenn man sich der Natur in den Weg stellt.«

Der immer besorgtere Toc antwortete:

»Aber in den Dörfern da unten leben Menschen. Wenn ich in den Stausee rutsche, wird das Wasser böse und flieht. Es wird sich ins Tal ergießen und alle töten.«

»Ja, das Wasser ist hinterhältig«, fuhr der Toc fort. »Ein Tropfen richtet noch keinen Schaden an, aber wenn sich alle zusammentun, kann keiner sie aufhalten.«

Der Borgà versuchte, Zeit zu gewinnen, und sagte:

»Stemm dich dagegen. Versuch, an deinem Platz zu bleiben, wenigstens noch ein paar Tage. Vielleicht merken diese Dummköpfe ja endlich, was geschieht und lassen wenigstens die Dörfer räumen.«

»Ich kann wirklich nicht mehr«, gab der Toc ängstlich zurück. »Unter mir ist eine Felsschicht, spiegelglatt wie Marmor. Die freut sich jetzt schon, denn dank der menschlichen Geschicklichkeit kann sie sich jetzt, nach Millionen von Jahren, endlich von mir befreien und den blauen Himmel sehen. Außerdem hasst sie diese eingebildeten Erdwissenschaftler sowieso, weil diese behauptet haben, sie sei rau und voller Falten. Dabei ist sie glatt, als wäre sie geschliffen. Und genau das will sie jetzt beweisen, indem sie mich nicht langsam abgleiten lässt, wie die Geologen dies glauben. Sie wird mich auf einmal abwerfen, sobald sie kann.«

Der 9. Oktober 1963 war ein schöner Tag. Die Berge rundherum diskutierten lautstark bis in die Nacht hinein über die Gefahr. Der Col Nudo, ein brutaler Typ, der wenig Worte machte, fragte, weshalb die Bergbewohner diese dummen Wissenschaftler nicht schon längst mit Fußtritten davongejagt hätten.

Gegen Abend trug der Wind die Worte der Prophezeiung durch das Dorf und alle angrenzenden Gehöfte. Um Viertel vor elf gab der erschöpfte Toc auf und glitt in den Stausee. Eine enorme Masse hob das Bild des Mondes vom Wasserspiegel und schleuderte es in den Himmel zurück. Dann erlosch das Mondlicht in dem Meer von Wasser, das sich auf Longarone ergoss. Und in diesem Moment versank auch Erto, das auf dem besten Weg war, ein Städtchen zu werden. Und es erstand nie wieder.

Silvo

Nach dem 9. Oktober 1963 erstarben alle Stimmen im Dorf. Was denen, die noch dort wohnten, als Erstes auffiel, war, dass es keine kraftvollen Töne mehr gab. Ganz plötzlich fehlten Lieder, Geschrei, Rufe, Geschnatter, Geheul und Gejohle, mit einem Wort: alles, bei dem die Stimme erhoben wurde. Zwischen den zerstörten Häusern gab es nur Rascheln und Knistern. Meist herrschte Stille.

An diesem Tag endete auch Silvos Gesang.

Silvo wohnte am anderen Hang des Tales, nördlich vom künftigen Staudamm. Dort versorgte er seine Kühe. Er war schon etwas älter, aber es schien, als sei es ihm gelungen, durch eine Art von Wunder die Zeit von seinem Körper fernzuhalten. So als hätte er am weit zurückliegenden Scheideweg der Jugend den Jahren unmissverständlich befohlen, in die eine Richtung weiterzuwandern, während er und sein Körper die Gegenrichtung nahmen. Mager, knochig und äußerst beweglich wie er war, konnte er sich niemals ruhig halten. Ich glaube, dass er bereits über siebzig war, als sein Gesang zu Ende ging. Ich kann mich an seine Lieder so gut erinnern, weil sie meine Jugend begleitet haben.

Sein Haus jenseits des Sees war durch einen kaum sichtbaren, steilen Weg mit dem fernen Dorf verbunden. Dieser Pfad fiel zunächst fast senkrecht zum Vajont hin ab. Wenn man sich dort schaudernd über die Seilbrücke wagte, musste man hinterher einen gefährlichen Aufstieg über hohe Felsen auf sich nehmen, bevor man endlich vor der Tür zu Silvos Hütte stand. In dieser Gegend war alles steil. Schon der Name des Dorfes ließ keinen Zweifel an der Beschaffenheit des Ortes aufkommen: Erto, »steil«. Wenn ich als Junge hinter meinem Vater über die Felsen klettern musste, träumte ich von Wegen, die immer abwärts gehen, immer weiter hinunter bis ans Ende der Welt. Und trotzdem hatte ich Angst, dass ich, sobald ich unten angekommen wäre, ganz allein sein würde. So stellte ich mir vor, wie ich wieder hinaufstieg, um zu den Menschen zurückzukehren. Und dieser Aufstieg machte mich glücklicher als vorher der Abstieg. Die Fantasien schufen in mir ein Gefühl für das strenge Gleichgewicht der Dinge, das jede Kraft immer durch ihr Gegenteil ausgleicht: Ordnung und Unordnung, Freude und Schmerz, Gut und Böse, Tag und Nacht, Schönes und Hässliches, Kalt und Warm, Aufstieg und Fall. Außerdem entdeckte ich, dass auch der Abstieg eine gewisse Mühe machte. Also beugte ich mich demütig vor der Ordnung der Welt. Ich träumte nicht mehr. Ich kletterte und damit basta.

Silvo kannte dieses Gesetz gut. Vor allem, weil er täglich diesen schmalen Weg mit seinen Höhen und Tiefen beschritt, der ihn von seiner Hütte ins Dorf und wieder zurück brachte. Aber auch, weil sein Lebensweg manchmal aufwärts und manchmal abwärts führte, und wenn Ersteres hart war, so wuchs sich Letzteres oft genug zum Unglück aus. Doch selbst das ständige Auf und Ab des Schicksals konnte ihm die Freude am Leben nicht nehmen, die man ihm – so schien es – bei der Geburt in die Wiege gelegt hatte. Aus all unseren Genen wird nämlich ein Los gezogen, das bestimmt, welche Art von Persönlichkeit wir sein werden. Und wer ein freundliches Wesen erhält, wird immer so sein, wer aber den Halm der Melancholie zieht, der glaube nicht, dass sich dies ändern lässt. Silvo hatte Glück gehabt. Er hatte aus der Trommel des Schicksals das Los der Heiterkeit gezogen, der Lebhaftigkeit, der Lebensfreude und der Gelassenheit. Und das half ihm, die Höhen und Tiefen seiner Erdenwanderung nicht zu fürchten.

Manchmal kam er ins Dorf, obwohl er dort gar nichts zu tun hatte. Vielleicht waren auch diese Besuche vom rhythmischen Wechsel zwischen Einsamkeit und Geselligkeit geprägt, zwischen Stille und lautem Stimmengewirr. Außerdem lässt ständiges Alleinsein die Sprache des menschlichen Umgangs vergessen, sodass man sich mit den Jahren immer weniger mitteilen kann. Immer wenn Silvo feststellte, dass er zu viel geschwiegen hatte, kam er ins Dorf und löste den Knoten in seiner Zunge mit ein paar großen Gläsern Rotwein auf, denn in unseren Bergen wird ein Lösungsmittel erster Güteklasse gekeltert, der *Raboso.*

Ich kann mich noch gut erinnern, wie er in den Bars herumhüpfte, denn ich war schon als Junge häufig in den Lokalen. Natürlich trank ich nicht, aber ich musste des Öfteren meinen Vater aus der Schänke holen, da auch er hin und wieder das Bedürfnis verspürte, seine Knoten zu lösen. Ich suchte in allen Kneipen des Dorfes, um herauszufinden, wo mein Erzeuger abgeblieben war. Meist begann ich dabei im Westen und arbeitete mich nach Osten vor. Die Erste war die Osteria von Nani »Il Togno«, was der Fremde heißt. Dort gab es den einzigen Fernseher im ganzen Dorf. Dann wanderte ich zum *Cacciatore,* dem »Jäger«, weiter, der nur einige Meter von unserem Haus entfernt lag. Dann schaute ich bei *Pilin* vorbei, der berühmten Trattoria, in welcher der Bergsteiger Giulio Kugy Quartier nahm, bevor er den Duranno bestieg. Außerdem hatte dort 1946 Giovanni Comisso übernachtet. Danach ging ich ins *Stella,* wo sich die Besitzerin mit den faszinierend tiefen Augen an den Tischen vorbeischlängelte. Von dort aus besuchte ich das *Enal* und – einen Sprung weiter – das *Alpino di Tan.* Wenn ich meinen Vater in den Kneipen im Dorf nicht fand, wanderte ich etwa zwei Kilometer nach Osten. Dort lagen wieder zwei Osterien, die ihr Licht in die Nacht strahlten: *Da Eufemia* und *Meneghin.* Von Letzterem gibt es heute nur noch den Steinfußboden. Den Rest und mit ihm die ganze Familie haben die Wasser des Vajont mit sich gerissen.

In einer dieser Osterien traf ich früher oder später auf meinen Vater und manchmal begegnete ich auch Silvo. Sobald er mich sah, befahl er dem Wirt, mir Bonbons zu bringen. Und zwar nicht zu wenig, denn er wusste, dass wir drei Brüder waren. Wenn mein Vater zufällig auch zugegen war, wehrte er sich immer gegen das Geschenk, aber Silvo herrschte ihn jedes Mal an:

»Sei ruhig und lass den Jungen.«

Dann unterbrach er für einen Augenblick sein katzengleiches Herumhopsen, kam näher und fragte mich freundlich, wie es mir gehe, ob ich denn auch brav sei in der Schule und zu Hause. Diese kleinen Fragen, immer dieselben, stellte er mir jedes Mal, wenn ich ihn sah.

Plötzlich schien er sich daran zu erinnern, dass er hier

war, um sich zu vergnügen, und bestieg nach dieser kurzen Pause das Pferdchen seiner Trunkenheit von neuem. Er ließ es hüpfen, tanzen und singen, dass alle Anwesenden sich köstlich amüsierten. Trotz seines Alters war er ungeheuer beweglich, dürr und knochig, mit einer scharfen, gebogenen Nase wie der Schnabel eines Raubvogels. Er hatte immer Kniehosen an und dazu *scufòns,* die berühmten Stoffschuhe der Gegend.

Seine urplötzlichen Hopser erweckten in mir immer den Eindruck, er sei ständig auf der Hut, so als müsse er von einem Moment zum anderen einem Schlag mit der Axt ausweichen.

Wenn er mit mir sprach, erschien er mir als sympathischer, freundlicher, heiterer, wenn auch etwas verschrobener Mann. Sobald aber die Bars schlossen und er sich zu seiner Hütte aufmachte, nahm sein Wesen die geheimnisvollen Züge der Nachtvögel an. Er ging und sang, sang und ging, ohne dass man ihn sehen konnte. Unser Haus lag am Rand einer jäh abfallenden Bergwiese, genau gegenüber dem Weg, der nach Prada führte: Silvos Weg. In den Nächten, in denen er nach Hause zurückkehrte, wiegte mich sein Gesang in den Schlaf wie ein fernes Wiegenlied. Manchmal konnte ich ihn kaum hören, dann wieder erklang er rein und klar mitten in meinem Zimmer.

Ängstlich lauschte ich dem fernen Klang. Ich stellte mir vor, wie Silvo, über die steilen Hänge gebeugt, taumelnd seines Weges ging – zusammen mit seinen Gespenstern. Seine rein lautliche Gegenwart erweckte in mir das Bild der Nachtvögel.

Inmitten dieser weiten Stille wurde er selbst zur Eule,

zum Käuzchen, zum Uhu. Ich kannte sie gut, diese Vögel. Wenn ich in den Frühjahrsnächten mit meinem Vater auf die Jagd ging, habe ich oft versucht, sie zu erspähen. Ich bewegte mich langsam und vorsichtig, schlich mich von hinten an, doch ihr heiserer Ruf entfernte sich immer mehr, je näher ich ihnen kam. Diese rätselhaften Wesen schienen immer nur einen Meter entfernt zu sein, doch wenn ich an dem Punkt ankam, an dem ich sie vermutete, waren sie schon längst wieder weg. Sie leben an der Grenze zwischen Nacht und Tag und wachen als unsichtbare Hüter über Leben und Tod. Bisher konnte ich ihre starren, geheimnisvollen Augen nur bei Tage sehen, und am Tage verlieren sie jede Magie.

Ohne die Lampe anzuzünden, begab ich mich ans Fenster, um in der Finsternis des Tales herauszufinden, wo mein Bonbonfreund stecken mochte. Nach ein paar Minuten der Konzentration nahmen meine Pupillen im Dunkeln ein helles Pünktchen wahr: Silvos Karbidlampe. Dieses zarte Flämmchen vollführte seltsame Tänze: Manchmal blieb es lange an einer Stelle, dann wieder sprang es plötzlich nach oben, dann ruhte es wieder, als müsse es Atem schöpfen. Aber der Gesang setzte niemals aus. Silvo ließ aus vollem Halse die Lieder seines Repertoires ertönen, das immer gleich blieb: verlassene Geliebte, Frauen mit gebrochenem Herzen, Bergjäger an der Front und seltsame Liebesgeschichten im Boot.

Vielleicht sang er, weil er sich fürchtete. Oder weil er Gesellschaft brauchte. Oder einfach nur, weil er betrunken war. Wie dem auch sei: Ich beneidete ihn um seine Vertrautheit mit der Dunkelheit. Ich hoffte, dass auch ich eines Tages so mutig sein würde, nachts allein durch die Wälder zu wandern. Ich war schon oft nachts im Wald gewesen, aber immer in der sicheren Begleitung meines Vaters. Ich wünschte mir, all die Toten und Gespenster, die in den Erzählungen der Alten hausten und ihre Köpfe in die Träume der Kinder steckten, einfach wegwischen zu können. Ich hoffte es so sehr. Aber hoffen heißt eben nicht glauben, denn gerade wenn man auf etwas hofft, heißt das, dass man nicht daran glaubt.

Der Umschwung kam dann an der Schwelle zum Erwachsensein. Mit einem Freund und Altersgenossen verbrachte ich eine Nacht auf dem Friedhof. Wir waren beide angeheitert und saßen auf einem Grabstein. Dort redeten wir in einem fort mit den Menschen, die wir gekannt hatten, als sie noch am Leben waren, und die jetzt in der tiefen, stillen Erde ruhten. Damit unsere Kühnheit nicht nachließ, hatten wir eine Korbflasche mit Wein mitgebracht. Nun ruht dieser Freund für immer dort: Er wurde ganz in der Nähe des Grabes beigesetzt, auf dem wir im Laufe einer Nacht vor vielen Jahren unseren Mut erprobt hatten. Ich will ihn lächelnd im Gedächtnis behalten, während er sich im fernen Totenreich an unseren weit zurückliegenden Streich erinnert.

Die Jahreszeiten wechselten sich ab, der Winter kam zurück, aber Silvo gab seine einsamen Wanderungen nicht auf. Er nahm nur statt der Stoffschuhe die eisenbeschlagenen Stiefel.

Die Ausflüge dauerten die ganze Nacht, und manchmal erreichte er die Schwelle seiner Hütte erst, wenn es schon heller Tag war. Sicher war er dann am Wegesrand eingeschlafen.

Doch jedes Mal ließen seine ausgelassenen Melodien in mir denselben Zauber erstehen. Mich faszinierte der Gedanke, dass ein einziger Mensch in der tiefen Dunkelheit der Nacht für alle Wesen des Waldes sang. In den Bars sagten die Menschen seinen Tod vorher. Sie behaupteten, dass er eines Tages sterben würde, weil er am Steilhang ausrutschen und hinunterfallen würde.

Dabei ging sein Gesang auf ganz andere Weise zu Ende: Am 9. Oktober 1963 nahm das Wasser des Stausees ihn mit sich – ihn und zweitausend andere Stimmen.

Die Erinnerung an ihn ist immer noch unverändert. Er war mir ein Beispiel für die Einfachheit des Lebens, das ich mir immer vor Augen gehalten habe.

Nach dem Vajont-Unglück gingen auch wir. Wir wurden nach Cimolais evakuiert, und lange Zeit sah ich mein Dorf nur gelegentlich wieder. Aber ich wollte zurückkehren, und beneidete all jene, die den Mut gehabt hatten, dies zu tun.

Nach vier Jahren Exil schließlich zog ich von neuem in unser Haus ein. Als ich die Orte meiner Kindheit wiedersah, öffneten sich die Pforten des Gedächtnisses, und die Erinnerungen strömten daraus hervor wie ein Fluss bei Hochwasser. Tagelang watete ich im Schlick der Melancholie. Dann aber bemerkte ich allmählich, dass die Natur wieder lebendig geworden war und Stück um Stück die Wunden der Erde heilte.

In den Sommernächten lag ich in meinem Zimmerchen und lauschte durch das offene Fenster den zurückgekehrten Tönen. Und manches Mal, kurz vor dem Einschlafen, glaubte ich, die Stimme Silvos von den Wegen jenseits des Sees zu hören. Aber Silvo war tot, und sein ferner Gesang aus den Wäldern wird nie mehr erklingen.

Die Straße

Seit langem schon wollte ich zu diesem alten Weg zurückkehren. Die Trockenmauern wieder sehen, die ihn die ganze Länge hinabbegleiten. Mich vor die Ruinen des Kirchleins setzen und den Fels betrachten, der sie umschlingt und aussieht, als ob er sie abschütteln wolle, aus Protest gegen die menschliche Achtlosigkeit. Die alten Buchen nahe beim Dorf sehen, die am Ende des Weges von Steinen verkrüppelt wurden, die hier von den Felsen stürzen.

Das letzte Mal war ich an einem ersten Mai hier, an einem Festtag. All die Honoratioren des Dorfes waren da, und den Weg entlang wurde fröhlich gegessen und getrunken. Es war eine Art Tauffeier anlässlich der offiziellen Wiedereröffnung des Weges. *»Sentiero dei carbonai«*, Köhlerweg, stand auf einem vergoldeten Bronzeschild zu lesen.

Ich wartete auf einen Freund, der jedoch nicht kam. Man fand ihn erst gegen Abend, auf der Küchenbank sitzend, aufrecht im letzten Moment, den das Leben ihm schenkte. Die Nudeln auf dem Gasherd waren fast völlig verkohlt, und die blaue Flamme zeichnete ein erstauntes Lächeln auf sein Gesicht. Er erwartete den Tod nicht, aber er erkannte ihn, als er kam.

Manchmal denke ich, dass es schön sein müsste, so zu sterben. Und das Schicksal war ihm einen schnellen Tod schuldig. Einen Tod, der ihn ohne Leiden traf, auf seinem Platz im Haus, vor sich ein Glas Rotwein. Einen schnellen Abgang nach einem einsamen, freudlosen Leben.

Der Tod wartet nicht und gewährt keinen Aufschub: Er hält unser Leben an, wenn es ihm passt, schneidet es ab wie einen Film. Das große Buch der Zeit hält fest, wann wir dem gewaltigen Herrn begegnen. Und sobald wir auf die Reise gegangen sind, haben alle Güter, die wir auf Erden angesammelt haben, für uns keinen Nutzen mehr.

Von diesem ersten Mai an benutzte ich den Köhlerweg nicht mehr. Denn gerade der damals verstorbene Freund war es, der mir vor vielen Jahren diesen Weg gezeigt hatte. Dort seien wir vor den Nachstellungen der Jagdhüter sicher. Also stiegen wir im Frühling über diesen Weg hinauf zum Borgà, um Birkhähne zu jagen, und im Herbst zum Col delle Agnelle, wo die Gämsenjagd gut war. Auch fürs Bergtraining war er hervorragend geeignet, weil sich dort starke Steigungen mit langen, ebenen Strecken abwechseln, auf denen sich Herzschlag und Atem wieder beruhigen können.

Dabei machte ich immer Rast in dem winzigen Dorf, das oben auf den Felsen zu schweben schien. An manchen Abenden traf ich dort einen alten Mann, der sich hin und wieder herabließ, von dem Weg zu erzählen. Früher verband er das Cellinatal mit Erto und Longarone. Über diese Steine waren Jahrhunderte der Hoffnung, der Enttäuschung, ja der Tragödien hinweggeschritten.

Und auch der Tod war dort kein Fremder: An manchen Stellen fiel der Weg seitlich steil ins Tal ab. Wenn man sie barg, zeigte das Gesicht der Unglücklichen, die dort hinuntergestürzt waren, immer noch das ungläubige Staunen derer, die plötzlich den Schlag des Schicksals hatten fühlen müssen.

Zu jener Zeit waren Streitigkeiten unter Nachbarn, Ränke und Erbschaftsangelegenheiten noch kein Grund, einen Richter oder Notar hinzuzuziehen. *La Serenissima,* wie man die Stadt Venedig nennt, mischte sich bei uns nicht ein. Die Liebe erblühte und verwelkte im Schatten der großen Buchen am Weg. Vor allem aber war es ein Weg der Mühsal und Plage.

Die *sedonere,* die fliegenden Händlerinnen, kannten jeden einzelnen Stein, jede Kurve, jeden Baum dort. Wenn ihnen die Riemen der Kiepe zu sehr in die Schultern schnitten, ruhten sie sich aus und stützten sich an der Trockenmauer ab. An diesen Stellen fehlt am Rand jeweils ein Stein, wo das untere Ende der Kiepe zu ruhen kam. Jede Frau hatte ihren eigenen Platz, den sie an der Höhe des herausgenommenen Steines erkannte, die ihrer Größe entsprach. Sie kamen von Longarone herauf und trugen dabei ein enormes Gewicht. Und trotzdem sangen sie immerzu.

Die Köhler hingegen wanderten den Weg mit Säcken voll Kohle auf dem Rücken hinab und schleppten im Gegenzug einen schweren Rausch wieder mit hinauf. Etwa in der Mitte des Weges erscheint plötzlich, wie aus dem Nichts, das in den Fels gehauene Kirchlein, das als Weihgabe von einem Bischof errichtet worden war, der hier ein tragikomisches Abenteuer erlebte.

Er war zur Inspektion dorthin geschickt worden, weil es bestimmte Gerüchte gab, die von den Bergen bis ins Tal gedrungen waren. Diese Gerüchte betrafen den Lebenswandel der Bergbauern und waren wenig erbaulich.

In Longarone erwarteten ihn eine Sänfte und acht kräftige Waldarbeiter, welche die Aufgabe hatten, ihn unter seinem Baldachin den steilen Weg bis zum Dorf hinauf zu tragen. Diese Männer hatten, wie auch der Prälat bemerkte, einen tückischen Blick und sie sprachen einen völlig unverständlichen Dialekt.

An einer etwas schwierigen, wenn auch nicht lebensgefährlichen Stelle zwinkerten die beiden äußeren Träger sich plötzlich zu und taten so, als ob sie stolperten, worauf unser braver Bischof den Abhang hinunterrollte und dabei unsanft mit diversen Bergkiefern Bekanntschaft machte.

Voller Furcht verzichtete er daraufhin auf seine Untersuchung und befahl, dass genau an dem Punkt, an dem er gestürzt war, ein Kirchlein errichtet werden sollte, das er persönlich finanzierte. So wollte er dem Herrn danken, dass dieser ihm das Leben gerettet hatte.

Nur war an dieser Stelle kein bisschen Platz für ein Bauwerk, und mochte es noch so klein sein. Also ließ der Baumeister, ein fähiger Geist aus dem Dorf, den Berg aushauen, und in eben diese Höhlung baute er dann ein sechseckiges Kirchlein von so ausgeklügelter Konstruktion, dass es aussah, als sei es die natürliche Fortsetzung des Felsvorsprungs dort. Dieser Mann konnte vermutlich weder lesen noch schreiben, er baute einfach nach Gefühl. Man erzählt, dass Tizian eines Tages an der Kapelle vorbeikam und, angezogen von der märchenhaften Harmonie dieses einzigartigen Juwels, es innen ausmalte.

Doch die Zeit verging, und der Berg, der sich in ewigem Schlaf einmal hierhin, einmal dorthin streckt, versetzte dem Kirchlein so manchen Stoß. Die Natur hat nicht einmal vor dem Werk eines Genies Respekt: Langsam bröckelte so die Bemalung unter dem Ansturm der Jahrhunderte. Vielleicht ist sie aber auch noch da, unter den unzähligen Anstrichen verborgen wie in einem Panzerschrank.

Heute wartet dieses ehrwürdige, aber baufällige Symbol des Glaubens still auf den Gnadenstoß, auch wenn es immer noch Hoffnung gibt, dass die menschliche Sensibilität endlich erwacht und sich aufmacht, dieses Bauwerk zu retten.

Die Mauern halten noch, aber wohl nicht mehr lange. Die Steinplatten, die das Gewölbe decken, fallen Stück um Stück, und nachts scheint der Mond durch das Dach. Fresken finden sich dort nicht mehr. Stattdessen liest man an den Wänden einzelne Sätze von früheren Bittstellern, die dort um Gnade baten: um einfache Dinge, nicht um Reichtümer. Um Gesundheit; darum, dass der Sohn aus dem Krieg heimkehren oder eine Liebe ewig dauern möge.

Ein Ort des Gebets bewahrt, auch wenn er vollständig dem Verfall preisgegeben ist, immer den Hauch des Göttlichen und teilt ihn uns mit.

Schreitet man auf diesem schmalen Weg der einfachen Seelen weiter, gelangt man schließlich in das kleine Dorf direkt am Steilhang. Um ins Dorf zu kommen, muss man über den Friedhof gehen. Es sieht fast aus, als stecke eine Absicht dahinter, der Versuch vielleicht, uns an die Kürze unseres Erdendaseins zu erinnern und an die Vergeblichkeit unserer weltlichen Mühen.

»Was du jetzt bist, das war auch ich. Was ich jetzt bin, das wirst du sein«, mahnt eine Inschrift am Ausgang des Kirchhofs.

Und an der Friedhofsmauer trägt eine Marmortafel die Inschrift: *»Fede e Civiltà«,* Glaube und Rechtschaffenheit.

Kommt man im Dunkeln dort an, so überfällt einen eine unendliche Traurigkeit, und man tritt ins Reich der Schatten. Keine Frauen mehr auf den Schwellen der Häuser, keine Stimmen mehr in den Gassen. Fast alle der alten, schmalen Häuser, Musterbeispiele ländlicher Baukunst, die noch mit grauen Steinplatten gedeckt sind, stehen leer und warten, bis ihnen die Zeit den letzten Stoß versetzt.

Die Tragödie des Vajont hat auch dort oben alles Leben nahezu ausgelöscht. Aus den wenigen erleuchteten Fenstern, hinter denen früher das Abendgebet ertönte, flackert heute nur noch der Schein des Fernsehapparats.

»Ich bin ja fast taub und verstehe kein Wort von dem, was gesprochen wird«, erzählte mir eine alte Frau lächelnd. »Aber ich mag die Farben und wie die Leute sich bewegen.«

Am liebsten hätte ich ihr geantwortet, dass mir das Fernsehen auch unverständlich ist, obwohl ich noch sehr gut höre.

Die beiden winzigen Osterien, in denen man früher ganze Nächte lang *Morra** spielte, sind heute geschlossen. Die beiden Inhaber, zwei einfache, alte Leute, haben kapituliert, weil sie nicht mehr lernen wollten, wie man eine Registrierkasse bedient. Übereifrige Verwaltungsbeamte hatten angeordnet, dass selbst an verlassenen Orten wie diesem eine solche Kasse aufgestellt werden müsse, um die 25 *ombre* – wie man im Veneto das Achtel Wein nennt – zu erfassen, die dort täglich verkauft wurden. Vor dem Gesetz sind keineswegs alle gleich, denn Arme und Schwache sind nun einmal den Reichen nicht gleich.

Ich frage mich, wann es endlich Registriermaschinen für die Dummköpfe dieser Welt geben wird; deren Zahl dürfte nicht gerade gering sein.

Der Ort lebt nun versunken in der Melancholie der Einsamkeit, ein Gefühl, das zu viel ist für empfindsame Seelen. Das Mädchen mit den Augen so blau wie der Himmel am Borgà und den Haaren so hell und blond wie das Gras im November, liegt seit langer Zeit unter der Erde. Sie nahm eines Sommerabends den Köhlerweg hinunter ins Tal und stürzte leicht in die Leere des Lebens, aus der sie nicht mehr zurückkehrte.

* Beim *Morra*-Spielen strecken zwei Spieler auf eins, zwei, drei eine bestimmte Anzahl Finger aus. Einer von ihnen ruft dabei eine Zahl. Hat er die Zahl der Finger beider Spieler erraten, hat er gewonnen. Heute wird häufig *morra cinese* gespielt, das dem auch in Deutschland bekannten »Papier, Stein, Schere« ähnelt. (A. d. Ü.)

Jedes Mal, wenn ich bei ihr vorbeikam, bot sie mir ein Glas Wein an. Und während ich trank, folgten ihre Augen jeder einzelnen meiner Gesten. Vielleicht wollte sie ein wenig mit mir sprechen, hatte aber nicht den Mut, etwas zu sagen. Mit ihrem stillen Blick forschte sie mich aus, und mir bleibt nur das Geheimnis ihres Schweigens.

Auch die Wegbiegung hinter dem Friedhof, wenn man von Westen kommt, hat sich nicht verändert und gilt noch immer als strategisch wichtiger Punkt für jeden Wilderer. Von dort aus konnte man sehen, ohne gesehen zu werden.

Und damit wären meine Gedanken wieder bei meinem Freund angelangt, dem Birkhahnjäger, der am ersten Mai nicht zu unserer Verabredung erschien. Ich sehe ihn heute noch vor mir, wie er unter dem Mäuerchen saß, den Finger auf die Lippen legte und »Ssssst« zischte, obwohl ich stumm wie ein Grab war. Stunden um Stunden haben wir dort wartend verbracht, um in der hereinbrechenden Dunkelheit zu verschwinden, Gewehr und Beute unter dem Arm, und mit den Komplizen ein Glas Grappa zu trinken. Es lief immer gleich ab: Sobald wir in Sicherheit waren, löste sich die so lange unterdrückte Anspannung, und die Gedanken an die Gefahr, der wir gerade entronnen waren, wurden unweigerlich im Alkohol ersäuft. Nach Hause kehrten wir erst am nächsten Tag zurück, nachdem wir uns in irgendeinem Heuschuppen der Nebel des Rausches entledigt hatten.

Es gibt Wege in uns, auf denen das Gras der Zeit nicht hochwachsen kann. Die Kraft der Erinnerung ist eine scharfe Sense und schneidet die vergilbten Halme des Vergessens mitten durch.

Lasst uns zu den alten, stillen Orten zurückkehren und das Ohr spitzen. Vielleicht erlauschen wir so manchen vergangenen Schritt. So könnte unsere Zukunft aussehen. Vielleicht werden die große, verdorrte Lärche, der einsame Dornbusch am Berghang wieder austreiben und blühen, wenn der verlorene Sohn dort vorbeikommt.

Der alte Pin

Ich glaube, er war der einzige Mann, dem der Bart auf der Nase wuchs – zumindest unter den Männern, die ich kenne. Wenn er sich rasierte, musste er neben Wangen und Kinn auch seinen Riesenzinken einseifen, um ihn von seinem dichten Haarkleid zu befreien.

Pin war nicht gerade groß, aber seine breiten, ausladenden Schultern ließen seine Jacke aussehen, als wäre sie ausgepolstert. In seinen Augen schien immer ein gereiztes Flackern zu tanzen, dabei war er von gutmütigem und sanftem Wesen. Als das Unglück am Vajont geschah, war er etwa sechzig Jahre alt. Seine jungen Jahre waren ausgesprochen hart gewesen, geprägt von der Verrichtung einfachster Arbeiten. Als fliegender Händler für alle Arten von Holzwaren durchwanderte er den gesamten Norden Italiens, aber er erzählte immer nur von Brescia. Als Handwerker galt er viel, konnte erstklassige Rechen machen und war geschickt als Drechsler. Zuletzt arbeitete er im Marmorbruch am Monte Buscada, oberhalb von Erto.

Er hatte spät geheiratet, eine Frau voller Güte und Verständnis, die ihm half, die Schrecken der Vergangenheit zu vergessen. Der Krieg hatte ihn bis nach Albanien und Griechenland geführt. Als er zurückkam, hatte er einen Granatsplitter in der rechten Schulter. Der rechte Arm war für immer behindert, aber für den Staat war dies nicht ausreichend. Man bewilligte ihm nicht einmal eine Mindestrente.

1950 erhielt er dann endlich eine Arbeit in den Marmorbrüchen. Harte Arbeit, doch wenigstens musste er so seine Berge nicht verlassen.

Die Luft in 2000 Metern Höhe hielt ihn jung, und der Juli schenkt dort oben besonders lange Tage.

Zehn Stunden am Tag spaltete er mit seinem schweren Hammer Steine. Abends wanderte er zwischen den Felsen herum und suchte Edelweiß, die er samstags seiner Frau mitbrachte. Verglichen mit den anderen Bergarbeitern legte er sich früh schlafen, jedoch nicht ohne vorher noch seinen abendlichen Ritus vollführt zu haben: Auf einen Zug trank er ein halbvolles Wasserglas Grappa aus. Wenn er dieses Ritual vergessen hatte, bat er immer uns Jüngere, ihm doch seine abendliche Dosis zu holen, damit er nicht mehr aufstehen musste. Und wir machten uns natürlich einen Spaß daraus, ihn manchmal zu täuschen. Zu diesem Zweck füllten wir frisches, klares Quellwasser ins Glas, und er kippte es wie üblich hinunter. Natürlich merkte er das. Dann explodierte er und schleuderte uns eine solche Menge grober Schimpfworte entgegen, dass wir freiwillig noch einmal loszogen, um ihm das Gewünschte zu bringen. Hatte er endlich sein Quantum intus, gab er uns mit einem Lächeln das Glas zurück und sagte im Dialekt unserer Gegend:

»Danke, ihr Schlingel.«

Mit diesem speziellen Schlafmittel schlief er ruhig ein.

An dem Abend, als der Monte Toc in den Stausee stürzte, war er im Steinbruch oben.

»Wir hörten ein lautes Donnern«, erzählte er mir. »Ich dachte mir schon, dass etwas mit dem Stausee sein müsse.«

Am Morgen gingen alle zusammen ins Tal hinunter. Pin ging schweigend, die Jacke um die Schultern gehängt, wie es seine Gewohnheit war, wenn er es eilig hatte. Doch am Colle delle Spesse, wo früher sein Haus gestanden hatte, fand sich nun nichts mehr.

Von seinem Heim war nur der Boden aus alten Steinplatten geblieben. Und auch kein anderes Haus stand mehr. Die ganze Siedlung dort war einfach verschwunden. Nur die Bodenfliesen waren noch übrig, auf die helle Erde geklebt wie Briefmarken. Alles andere hatte die Wut des Wassers mit sich gerissen.

Er legte seine Jacke auf einen Stein und setzte sich darauf. Dann drehte er sich eine Zigarette und sah sich um. Auch die Siedlungen Pineda, Prada, Marzana und San Martino waren verschwunden. Und die Leute erzählten von Longarone, dem Städtchen, das vollkommen dem Erdboden gleichgemacht worden war. In diesem Moment verhakte sich etwas in seinem Kopf.

Er arbeitete zwar noch ein paar Sommer lang, sprach dabei aber immer weniger und meist wirres Zeug. Als er ins Dorf zurückkehrte, fing er an, schon am Morgen Grappa zu trinken. Und in der Zeit, die ihm noch zum Leben blieb, achtete er kein bisschen mehr auf sich.

Jahrelang aß er höchstens drei bis vier Eier am Tag. Er kaufte sie in dem kleinen Geschäft, das zum alten Erto gehört hatte und nach dem Unglück wieder eröffnet worden war. Mit seiner Papiertüte in der Hand ging er zur Ecke eines Hauses, stellte sich unter die hohe Mauer, schlug ein Ei nach dem anderen an einem Stein auf und trank sie aus. Mit der Zeit sammelte sich an dieser Stelle ein beträchtlicher Berg Eierschalen an.

Die Unterstützung, die er erhielt, legte er samt und sonders in Wein an. Hin und wieder lud ihn jemand auf eine warme Mahlzeit ein, doch er lehnte immer ab. Almosen wollte er nicht. Nur in seinem letzten Lebensjahr, nachdem der Staat ihm mitgeteilt hatte, dass er keinen weiteren Anspruch mehr auf Unterstützung habe, denn er habe bereits mehr als genug erhalten, demütigte er sich und bat da und dort um ein paar Pfennige. Er sammelte Kippen vom Straßenrand, und wenn er drei oder vier beisammen hatte, drehte er sich daraus mit einem Stück Zeitungspapier eine Zigarette.

Uns jungen Leuten war er ein Freund. Und so nahmen wir ihn häufig mit, wenn wir durch die Dörfer des Tales zogen, um uns zu amüsieren und ein paar Gläser zu trinken. Wenn wir Geld hatten, kauften wir ihm Tabak für eine ganze Woche.

Er, der früher so gläubig, offen und rechtschaffen gewesen war, konnte sich einfach nicht damit abfinden, dass der Ewige Vater ein so schreckliches Unglück zugelassen hatte. Tag und Nacht musste er daran denken; er konnte nicht mehr schlafen, und am Ende durchbrach sein Verstand alle Grenzen und machte sich einfach davon.

Er haderte ständig mit dem Herrn, fluchte leise und sah dabei ununterbrochen nach oben, in den Himmel. Pin war überzeugt, dass er direkt mit Gott sprach.

Zum Schlafen ging er in ein altes, verlassenes Haus, in das er kurzerhand eingedrungen war, indem er die Haustür eingetreten hatte. Drinnen fand er einen Ofen, in dem er nie Feuer machte, einen Tisch zum Abstellen der Flasche und eine Bank, auf der man die Nächte zubringen konnte. Er schlief immer in Kleidern. Manchmal streifte er die Schuhe ab, die sich ohnehin nicht binden ließen. Wir jungen Leute brachten ihm immer ein wenig Holz, doch eigentlich war das sinnlos. Er weigerte sich, je wieder ein Haus zu heizen: In seinem Herzen wohnte der Frost, und so konnte die Kälte, die von außen kam, ihm nicht mehr viel anhaben.

Wenn ein Mann kein Feuer mehr im Ofen macht, ist dies ein untrügliches Anzeichen, dass es mit ihm zu Ende geht.

Hin und wieder versuchte ich herauszufinden, weshalb er sich so verhielt. Ich wollte wissen, was in diesem verlorenen Gehirn vor sich ging, doch seine Antwort war immer dieselbe:

»Sterben muss doch schön sein.«

In den letzten Jahren waren die wilden Pferde seines Geistes immer weiter hinausgaloppiert. So begann er eines Tages mit seiner methodischen Suche am Rande dessen, was einmal einer der größten Staudämme der Welt gewesen war. Täglich schritt er das Ufer ab und stöberte in den Trümmern, in einem unvorstellbaren Chaos von Baumstrünken, Blechstücken, Häuserteilen, Tischplatten und umgeknickten Bäumen herum. Denn Pin war überzeugt, dass sich irgendwo dort der Ehering seiner armen Frau befinden musste.

Ich traf ihn fast jeden Tag, wenn er niedergeschlagen vom verwüsteten Ufer zurückkehrte. Jedes Mal hielt er ein Fundstück in der Hand, das sein kranker Geist der einen oder anderen toten Person zuordnen zu können glaubte. Eines Tages kam er mit dem Kopfteil eines Bettes zurück und behauptete, es habe Lucia gehört. Lucia war eine meiner Altersgenossinnen, die zusammen mit ihren jüngeren Brüdern in den Fluten des Vajont ertrank. Er versicherte mir, dass er das Stück eindeutig erkannte, weil er es ja selbst gemacht habe. Von diesem Augenblick an war mir klar, dass er »hinüber« war.

Monatelang setzte er diese eigensinnige Suche fort. Nur im Winter, wenn der Schnee über die Trümmer menschlichen Hochmuts eine gnädige Decke breitete und sie so den suchenden Augen entzog, ging er nicht dorthin.

Eines Nachmittags im Sommer kam er mir ganz aufgeregt entgegen, die Hand in der Jackentasche. Er trug immer eine Jacke, unabhängig von der Jahreszeit.

»Ich hab ihn gefunden«, flüsterte er.

Seine Augen strahlten. Wir traten in die einzige Osteria ein, die nach der Tragödie in Erto wieder eröffnet hatte, und setzten uns. Ich solle zwei Viertel Roten bestellen, raunte er, ohne die Hand aus der Tasche zu nehmen. Und dann zog er seinen Fund ganz langsam hervor. Er hatte ihn in ein schmutziges, geblümtes Taschentuch gewickelt, dessen Zipfel er jetzt umschlug. In der Mitte lag das, was er für den Ehering seiner Frau hielt.

»Endlich hab ich ihn! Ich hatte ihn in Brescia für sie gekauft.«

Ich nahm den winzigen Gegenstand in die Hand und erkannte sogleich, dass dies ein einfacher Messingring war, an dem einmal Gardinen gehangen hatten. Und ich empfand eine tiefe Zärtlichkeit für diesen Mann, dessen Wahnsinn etwas zustande gebracht hatte, was ein gesundes Gehirn niemals gewagt hätte: seine Träume wahr werden zu lassen.

Daher hütete ich mich, ihn seiner Gewissheit zu berauben, und beglückwünschte ihn. Er strahlte über das ganze Gesicht. Offensichtlich war er stolz auf seine Leistung.

Wir tranken den ganzen Abend über Wein miteinander. Ich sagte meinen Freunden Bescheid, dass sie sich vorsehen und keinesfalls lachen sollten, wenn er ihnen seinen kostbaren Schatz zeigte.

Er habe ihn unter einem Balken gefunden, an einem Stück Stoff hängend, erzählte er. Und es seien noch andere Ringe dort gewesen.

»Die habe ich nicht angerührt«, sagte er. »Die gehören den anderen Ehefrauen.«

Und wieder war er sicher, die Inhaberinnen zu kennen, und zählte sie eine nach der anderen auf. Alle Frauen aus seinem Dorf, die zusammen mit ihrer Familie in den Wassern des Vajont ertrunken waren.

Von diesem Tag an schien er ruhiger zu sein. Zumindest hörte er auf, an den Ufern des verfluchten Sees nach Erinnerungsstücken zu suchen. In den folgenden Monaten stellte ich ihn ein paarmal auf die Probe, weil ich wissen wollte, ob er sein kostbares Schmuckstück tatsächlich aufbewahrte. Unvermittelt forderte ich ihn auf:

»Pin, lass mich doch den Ring deiner Frau noch einmal sehen.«

»Da ist er!«, antwortete er sofort, während er den Ring stolz aus der Innentasche seines Jacketts zog.

Mit der Zeit wurde er blank wie echtes Gold, weil Pin ihn ständig putzte und polierte. Manchmal versuchten wir auch, seine Treue ins Wanken zu bringen, und erzählten ihm, dass der Juwelier in Longarone ihm dafür sicher eine beträchtliche Menge Geld geben würde. Dann zog er den Ring beleidigt zurück und maß uns mit einem verächtlichen Blick. Natürlich wollte er von unserem Vorschlag nichts hören.

»Eher krepiere ich vor Hunger«, schnitt er uns schnell das Wort ab.

Nicht lange nachdem er seinen Ring gefunden hatte, starb er, vielleicht eineinhalb oder zwei Jahre später. Man hatte ihn ins Heim nach Longarone gebracht. Da wir jungen Leute damals fast jeden Abend in das wieder aufgebaute Städtchen kamen, trafen wir unseren alten Freund häufig und verbrachten so manche Stunde mit ihm.

Die meisten von uns arbeiteten inzwischen bei irgendeiner Baufirma, sodass in unseren Taschen schon dieser oder jener Geldschein steckte. Dummerweise schienen sie irgendwo Löcher zu haben, sodass sie sich schnell wieder leerten. Aber für Pin hatten wir immer ein paar Zigaretten und ein wenig Kleingeld übrig. Er wollte so gerne nach Erto zurück:

»Ich kann die Schwestern im Heim nicht leiden«, seufzte er. »Sie lassen mich einfach nicht im Zimmer rauchen.«

Und tatsächlich: Zu welcher nächtlichen Stunde man auch immer am Heim vorbeikommen mochte, auf dem Balkon sah man das runde Pünktchen der Zigarettenglut und die dunkle Form unseres Freundes, der sich ans Geländer lehnte.

Am Ende war er aufgedunsen und zitterte am ganzen Leib. Die früher so unbestechlichen Augen schienen nun hinter einem wässrigen, gelblichen Schleier verborgen, der nichts Gutes verhieß. Die Zirrhose kam ihm schließlich zu Hilfe, und Pin starb ruhig, begleitet von seinem priesterlichen Freund Don Martìn, der ebenfalls im Heim untergebracht war und ihm schon vorher in den Wirtshäusern Gesellschaft geleistet hatte.

Als man seine bescheidene Garderobe in Augenschein nahm, damit nichts Wertvolles übersehen wurde, bevor man sie wegwarf, fanden die Angestellten des Heims nichts weiter als Zigaretten, schmutzige Taschentücher, abgebrannte Streichhölzer und ein paar Münzen. Aus der Innentasche seiner Jacke kam ein Messingring zum Vorschein, wie man sie früher für die Vorhänge in der Küche benutzt hatte. Nach einer kurzen Überprüfung entschieden die Pfleger, alles wegzuwerfen. Und so landete schließlich in der Müllverbrennung, was einmal die armselige Habe des alten Pin gewesen war, einer guten Seele.

Die Lichtung

Lichtungen sind die geheimen Orte des Waldes. Kleine, offene, klar umrissene Räume, in denen das Unterholz nicht wachsen kann. Niemand weiß, weshalb an bestimmten Stellen der Wald aufhört zu wachsen und Platz für eine dieser runden, grasbewachsenen Öffnungen macht. An den Säumen dieser lichten Oasen, an den Grenzen des Waldes, halten Erinnerungen sich besonders gut.

Im Frühling und Sommer, wenn die zauberische Stunde anbricht, da der Abend den Tag beschließt und aus dem Dunkel die Nacht heranwächst, vernimmt man dort die Stimmen der Waldgeister. Zu keiner anderen Jahreszeit ist ihr Wispern so deutlich. Doch wenn einer die Stimmen des Waldes hören kann, dann hat er sich schon eine Weile enttäuscht von den Stimmen der Menschen abgewandt.

Lichtungen wurden geschaffen, um der bedrückten Seele Trost zu spenden. Man müsste diese menschenleeren, zur Stille neigenden Räume viel öfter aufsuchen. Denn an solchen Orten finden wir das geheime Archiv unserer Vergangenheit.

Setz dich am Abend einmal allein in einen dieser Zauberkreise, und alles, was du je erlebt hast, wird dir sofort wieder vor Augen stehen. Hier gibt sich die Vergangenheit ein Stelldichein mit jenen, die einst in ihr gelebt haben, als kehrte die Jugend wieder, um am Ende der Tage einen Blick auf das Alter zu werfen. Aus diesem Grund lässt es sich auf Lichtungen gut sein: Diese heiteren Orte laden uns zum Ausruhen ein, zu stillem Nachdenken, zum Gesunden von der Krankheit des Lebens.

Wenn mein Vater, getrieben von der Last der Umstände, die sein Leben zeichneten, für einige Zeit verschwand, wusste ich immer, wo ich ihn finden konnte. Er saß auf einer Lichtung am Akazienhügel und hing seinen Gedanken nach. Manchmal rauchte er und betrachtete die Pflanzen rundherum, die zu einem lauen Lüftchen sacht die Köpfe wiegten. Auf den Inseln des Waldes weht immer ein sanfter Lufthauch: ein stiller, feiner, zarter Wind. Die Bäume umfangen ihn, halten ihn fest, sperren ihn ein und überreden ihn zum Bleiben. So wird er zum Gefangenen des Zauberkreises und irrt hierhin und dorthin, ohne je von der Lichtung loszukommen.

Von April bis Ende Juni kommt täglich ein Kuckuck zu Besuch und leistet dir mit seinem wehmütigen Ruf Gesellschaft.

Die Vögel lieben die Lichtungen, und ihr Gesang hinterlässt einen unverwechselbaren Eindruck. Der Adler stößt seinen hohen, metallischen Schrei aus, der so aggressiv klingt, wie der Vogel selbst ist. Die geschwätzige, überschwängliche Amsel trällert unermüdlich ihre fröhlichen Lieder. Irgendwo fängt plötzlich der Rabe an zu schimpfen, mit einer rauen, heiseren Stimme, die ihn gleich aufdringlich und ungehobelt erscheinen lässt. Den Zaunkönig hört man kaum, doch sein schüchternes *pit pit* sagt alles über das Leben dieses zerbrechlichen, zarten Wesens. Die Drossel, hochmütig, eingebildet und sich ihrer selbst sowie ihrer Wirkung völlig sicher, trillert virtuos ihr weiches R, sodass man beinahe glauben möchte, man habe es mit einem dieser Adeligen zu tun, die ebenso reich wie kompliziert sind. Vielleicht ist gerade ihr Stammbaum der

Grund, dass die Natur sie mit diesem schrecklich näselnden R ausgezeichnet hat. Aber vielleicht können sie und die Drossel ja auch einfach nichts dafür.

Lichtungen helfen uns dabei, uns zu sammeln. Man liest aufmerksamer, wenn man in diesen Zauberkreisen sitzt. Doch freilich nur, wenn man die Stille achtet, die hier herrscht. Tags ist es nur dem Faun erlaubt, die Flöte zu spielen, und nur Pan, der Waldgott selbst, darf seine Stimme erheben. Die Stille der Nacht hingegen gehört den Käuzchen und Uhus, die dort ihre Klagen hören lassen, ein ersticktes Flüstern wie der aushauchende Atem.

An solchen Orten findet man Arznei für verwundete Seelen, in der klaren Luft, die voller Hoffnung und Heiterkeit ist. Den Alten war dies eine offenbare Weisheit, und so bauten sie ihre Häuser auf Lichtungen, um sich ruhig und beschützt zu fühlen.

In diesem Frühling bemerkte mich ein gar nicht so alter Rabe, wie ich auf einer prächtigen Lichtung unter einer Lärche saß. Da kam er auf mich zu und erzählte mir folgende Geschichte:

»Jan, der Steinmetz, wusste um die Gaben der Erde. Daher erbaute er vor vielen Jahren genau an der Stelle, an der du jetzt sitzt, sein Haus. Den Sand dafür nahm er aus dem Bett des Vajont und trug ihn in einer mit Tuch ausgelegten Kiepe den steilen Weg herauf. Heute weiß niemand mehr, was so eine Kiepe voll Sand wiegt. Die Steine brachte er auf einem Schlitten von den Libri di San Daniele am Monte Borgà herunter, einer besonderen Felsformation. Er behaute sie und baute sein Haus damit. Danach heiratete er eine Frau mit kräftigem Becken und starken Armen, die ihm vier Kinder gebar: drei Jungen und ein Mädchen. Und diese Kinder wuchsen gesund und munter auf der Lichtung am Waldrand auf. Sie lebten im Einklang mit den Vögeln, den Pflanzen, den Tieren, dem Wind, dem Regen und den Obstbäumen. Die Lichtung war groß und gepflegt. Im Sommer mähte der Vater das Gras, beschnitt die Bäume und pfropfte sie mit neuen Reisern. Die Kinder suchten nach Nestern, und manchmal brachten sie einen jungen Raben mit nach Hause, den sie liebevoll aufzogen. Wenn dann die Balzzeit kam, zogen die gefiederten Freunde ab und ließen die Kinder voller Trauer zurück. Doch im Herbst kehrten sie noch einmal wieder, setzten sich in den Apfelbaum oder den Birnbaum daneben und sagten ihnen ein letztes Adieu.

Im Winter, wenn die Schulstunden um waren, stürzten die Geschwister sich von den umliegenden Bergen mit ihren Schlitten die wildesten Abhänge hinunter. Abends kehrten sie müde und mit roten Backen heim, setzten sich um das Feuer und sahen ihrem Vater zu, der Löffel und Schüsseln aus Holz schnitzte, bis der Schlaf sie schließlich übermannte.

Sie gingen in die Dorfschule, die etwa einen Kilometer weiter lag und lernten dort das Alphabet des Menschen. Doch auf der Lichtung lernten sie die Schrift der Natur und der Tiere zu lesen. So konnten sie zum Beispiel ohne Schwierigkeiten das Rascheln einer Viper von dem einer Smaragdeidechse unterscheiden. Und wenn sie dem Rufen eines Vogelmännchens folgten, fanden sie unweigerlich das gesuchte Nest.

Das dichte Grau des Himmels und die schneidende Kälte der Luft sagten ihnen, wann es schneien würde. Kaum rauschte das Wasser mit anderem Laut durch die Klamm, wussten sie schon, dass das Jahr trocken sein würde. Und aus dem Fiepen des Eichhörnchens erkannten sie, ob es Junge hatte.

Ihr Vater arbeitete in Longarone bei einem Steinmetzbetrieb für Marmor. Am Morgen fuhr er mit dem Bus der Familie Giordani aus Claut ab und kam am Abend zurück, wieder mit demselben Bus. Nach der Schule halfen die Kinder ihrer Mutter im Stall, in dem zwei schöne Milchkühe standen. Im Sommer liefen sie in den Wäldern herum und kamen selten ohne ein Bündel trockenen Holzes zurück. Das Mädchen war nicht weniger unerschrocken als seine Brüder, ganz im Gegenteil, häufig erwies sie sich sogar als noch wagemutiger. Gingen sie beispielsweise zum alten Pinut Kirschen stehlen, setzte sie sich mit dem Eimer in den Baum. Die Brüder hielten unten Wache und konnten damit rechnen, noch rechtzeitig davonzukommen, falls sie erwischt würden.

So vergingen die Tage und die Jahre auf der fröhlichen Lichtung inmitten des Waldes. An einem Samstag im Mai kündigte der Vater an, dass er die Arbeitsstelle wechseln würde. Er hatte einen neuen Posten auf der großen Baustelle in Erto, wo man den Vajont mit einer riesigen Betonwand stauen würde. Mit der Abfindung aus seiner letzten Beschäftigung kaufte er sich ein Motorrad, sodass er künftig nicht mehr mit dem Bus der Giordanis fahren musste. Später packte er jedes Einzelne seiner Kinder auf den Rücksitz und fuhr mit ihnen dorthin, wo sie den Staudamm sehen konnten. Die Kleine fürchtete sich dabei, weil der schnelle Fahrtwind ihr den Atem nahm.

Bevor er nach Hause fuhr, machte der Vater an der Osteria Colombèr Halt und spendierte seinen Kindern ein Eis.

Und so verging auch der letzte Sommer. Der Oktober kam und der Herbst hielt Einzug. Die Tage waren noch schön, aber die Eichelhäher zogen bereits fort, ohne einen Blick zurückzuwerfen. Für die vier Kinder hatte die Schule wieder begonnen. Und in der Nacht des 9. Oktober ging auf die Dörfer der Umgegend eine so gewaltige Wassermasse hernieder, dass Menschen und Dinge davon einfach hinweggeschwemmt wurden.

Auch die Lichtung wurde mitgerissen, und mit ihr Jan, der Steinmetz, mit seiner Familie.«

An dieser Stelle machte der Rabe eine lange Pause. Dann fuhr er fort:

»Seit damals ist viel Zeit vergangen. Wie du siehst, hat es die Natur in 33 Jahren verstanden, die Wunden der Erde fast vollständig zu heilen. Neue Bäume sind gewachsen, das Gras sprießt wieder und auch die Vögel lassen ihren Gesang von neuem ertönen. Alles ist wie früher. Nur die Kinder sind nicht mehr da. Und sie wurden auch niemals gefunden.«

Westlich vom Monte Toc ging gerade die Sonne unter, als der Vogel von der Lärche herabschwebte und sich auf einen Zweig in unmittelbarer Nähe meines Gesichts setzte.

»Ich möchte dir ein Geheimnis entdecken«, sagte er. »Ich komme immer wieder hierher, weil mir manchmal scheinen will, dass die Kleinen zurückgekehrt sind. An manchen Sommertagen meine ich, hier ihre Gegenwart zu spüren. Ich höre ihre Stimmen, und am Abend, bevor die Tiere des Waldes die Augen schließen, fangen meine Ohren ein leises Lachen auf.«

Als ich noch ein Kind war, habe auch ich die Sprache der Tiere beherrscht. Also kramte ich nun in meinem Gedächtnis, um diese längst verschütteten Brocken wieder hervorzuholen, und fragte den Raben, was er denn mit der ganzen Geschichte zu tun gehabt habe.

»Ich«, antwortete er mir traurig, »war der letzte Rabe, den die Kinder in diesem fernen Sommer des Jahres 1963 aufgezogen haben.«

Der letzte Sommer

Die vier Kinder von Jan, dem Steinmetz, verbrachten ihren letzten Sommer voller Fröhlichkeit. Ob Sonne, Regen oder Wind, sie halfen bei der Arbeit oder spielten fröhlich im Wald nahe der Lichtung, auf der ihr Geburtshaus stand. Die Schule war erst seit ein paar Tagen aus. Sie hielten sich gut in der Schule, alle vier, aber die Kleine übertrumpfte sie alle: Ernst und fleißig wie sie war, würde sie im Oktober in die erste Klasse der Sekundarstufe gehen, in Longarone. Es war das Jahr, in dem die Sekundarstufe für alle Pflicht wurde.* Auch die beiden ältes-

* 1963 führte Italien die über die fünf Grundschuljahre hinausgehende Schulpflicht für die dreijährige Sekundarstufe ein.

ten Brüder, die bereits die siebte bzw. achte Klasse der Dorfschule hinter sich gebracht hatten, würden in Longarone weiter zur Schule gehen. Das Schwesterchen wollte Friseuse werden, um – so sagte sie – alle Mädchen des Dorfes schön zu machen.

Der Älteste hatte sich den Beruf des Maurers erwählt. Und die Berufsschule für Maurer und Zimmerleute lag ebenfalls in Longarone. Für die Schüler der allgemeinen Schule gab es einen Busdienst, der sie Tag für Tag in das Städtchen im Tal brachte. Von den werdenden Maurern und Zimmerleuten hingegen erwartete man, dass sie die Strecke mit dem Fahrrad bewältigten. 25 Kilometer täglich, bei jedem Wetter, auch in der kalten Jahreszeit, wobei es zurück ununterbrochen bergauf ging – das war der Preis für alle, die ein Handwerk erlernen wollten. An den frostigen Wintermorgen zogen sie los, einer genau hinter dem anderen. Die Schultasche hatten sie über den Lenker gehängt, ihr Pausenbrot in der Tasche.

Der Zweitgeborene hingegen war nicht besonders erpicht darauf, länger als nötig zur Schule zu gehen. Er liebte die Freiheit des Waldes: Er wollte lieber Holz machen, die Tiere hüten, das Gras mähen und nützliche Dinge aus Holz schnitzen.

Der Letzte der Brüder ließ bisher keine besonderen beruflichen Neigungen erkennen. Er hatte die Grundschule noch nicht abgeschlossen, aber seine Lehrer meinten, er hätte ein ausgesprochenes Talent zum Zeichnen.

Der Juni versprach, ein guter Monat zu werden. Die Ferien hatten gerade begonnen, fast immer schien die Sonne, das

Gras auf den Wiesen wuchs prächtig, und bald war es Zeit zum Mähen. Die Kirschen des alten Pinut waren so prall und rot, dass sie nur auf jemanden zu warten schienen, der sie pflücken wollte. Das Rabenjunge, das die Kinder aufzogen, erwies sich als neugierig und gefräßig. Noch nackt hatten sie es aus einem Nest mit drei Jungen geholt. Nun bekam es jeden Tag die Essensreste zu fressen. Doch seine Leibspeise waren Ameiseneier. Daher holten die Brüder immer wieder welche von einem großen Ameisenhaufen direkt hinter dem Haus. Um diese eine Quelle nicht über Gebühr zu schädigen, suchten sie manchmal auch im Wald nach Ameisenhaufen, die sie plündern konnten.

Das Einbringen des Heus beschäftigte sie fast den ganzen Sommer. Eines Morgens rutschte der Zweitgeborene beim Wetzen der Sense mit dem Schleifstein ab, sodass die Schneide eine tiefe Wunde zwischen Daumen und Zeigefinger seiner Hand riss und der Dorfarzt sie nähen musste. Dabei bewies der Junge einen unerschütterlichen Gleichmut: Keinen einzigen Laut gab er von sich.

Die beiden Milchkühe hatte man auf die Hochweide geschickt. Sobald sie weg waren, wurde der Stall mit Löschkalk desinfiziert. Im September, nach dem Abtrieb würde die Schwarze ein Kälbchen zur Welt bringen, das einen sauberen, gesunden Stall vorfinden sollte.

Sonntags gingen die vier Geschwister immer zur Messe ins Dorf. Dann zogen sie ihre besten Kleider an, denn zum Hochamt wollten sie ordentlich erscheinen. Fast hätte ich gesagt »sauber gestriegelt und gekämmt«, doch das wäre übertrieben, da der Vater sie im Sommer stets kahl schor. Nach dem Gottesdienst blieben sie noch ein wenig und spielten mit den Dorfkindern, doch wenn die Essenszeit näher rückte, verschwanden sie auf einmal, schnell wie der Wind, auf der Straße hinter dem Friedhof, die zu ihrem Haus führte.

Der Juli bescherte den Geschwistern einen unerwarteten Ausflug. Sie waren in der Schule gut gewesen und hatten auch zu Hause brav gearbeitet, daher hatte der Vater ihnen einen Nachmittag der Zerstreuung zugedacht. Mit dem neuen Motorrad nahm er an vier aufeinander folgenden Tagen je eines der Kinder mit ins Cellinatal, bis nach Barcis, ein Dorf, das an einem See gleichen Namens liegt. In einem Gasthaus am Ufer bestellte der Vater sich ein Glas Roten und sagte jedem Kind mehr oder weniger dasselbe:

»Siehst du, wenn der Staudamm erst fertig ist, werden auch wir einen See haben, und unserer wird der allerschönste sein, weil er so groß und tief ist.«

Und doch war er nicht ganz überzeugt von dem, was er da sagte, denn seit einigen Tagen lag die Ahnung einer drohenden Gefahr auf seinem Herzen.

Mitte August feierte das Dorf das Fest seiner Namenspatrone. Bei dieser Gelegenheit wanderten die Kinder bis hinauf zu den Wiesen am Monte Borgà und pflückten die Blumen, welche bei der Prozession die Statuen von San Bartolomeo, San Rocco und der Muttergottes schmücken sollten.

Während der Festlichkeiten kam ein Mann ins Dorf, der Spielsachen verkaufte, und baute seinen Stand am Marktplatz auf. Auf seinen einfachen, mit Buntpapier geschmückten Regalen entdeckte die Kleine unter tausend anderen Kostbarkeiten eine Stoffpuppe, in die sie sich sofort verliebte. Eine Woche lang kam sie jeden Nachmittag am Stand vorbei und bat den Mann, die Puppe ein paar Minuten lang im Arm halten zu dürfen.

Gerührt von diesen an Verzicht gewöhnten Augen und von der Beständigkeit des Mädchens schenkte er ihr die Puppe am letzten Abend, kurz bevor er weiterzog. Und die Kleine rannte klopfenden Herzens nach Hause. Überglücklich lief sie in ihr Zimmer, das sie mit dem kleineren Bruder teilte, und setzte ihre Puppe auf die Kleidertruhe.

Der September kam und nach dem Zwölften ging das Holzmachen los. Am Sonntag nach der Messe und werktags, wenn der Vater von der Arbeit am Staudamm zurückkam, gingen die Söhne zusammen mit ihm in den Wald von Tamèr. Jedes der Kinder hatte einen extra für seine Größe gebauten Schlitten, mit dem es blitzschnell die gesammelten Zweige ins Tal brachte. Das Rabenjunge, das mittlerweile zum sicheren und eleganten Flieger geworden war, begleitete sie überallhin. Wenn sie zur Messe gingen, mussten sie es in den Stall einschließen, weil es ihnen sonst auch dorthin gefolgt wäre. Wenn der Rabe von Hand aufgezogen wird, wird er ein treuer und liebevoller Freund. Nur im Frühjahr reißt er für kurze Zeit aus, zumindest wenn er älter als ein Jahr ist, um dem ewigen Ruf der Liebe zu folgen. Aber danach kehrt er immer zurück. Alte Freunde lässt der Rabe nicht im Stich.

Die Tage vergingen, und die Luft roch schon deutlich nach Herbst. Die Blätter legten ihr herbstliches Farbkleid an und waren bereit, mit dem Wind fortzusegeln. In der Abenddämmerung saß der Steinmetz auf einem Felsen vor dem Haus und drehte sich in Ruhe eine Zigarette. Nachdem er den Tabak in das Papierchen gerollt und die Zigarette angezündet hatte, betrachtete er beunruhigt die gewaltige, schimmernde Oberfläche des künstlichen Sees. Das Wasser reichte fast bis an die Lichtung heran. Es war dunkelgrün, fast schwarz, weil es bis in die Tiefen hinein unbewegt blieb, und hatte keinerlei Ähnlichkeit mit dem strahlenden Blau des Meeres, das er vor langer Zeit einmal in Venedig gesehen hatte. Der Pfarrer hatte eine Busfahrt organisiert, und er war zusammen mit seiner Frau und anderen Leuten aus dem Dorf in die große Stadt gefahren. Das Wasser dort, so erinnerte er sich, schien fröhlich und verspielt. Es bewegte sich, leckte an den Kais, schickte Welle um Welle ans Ufer und machte eigentlich einen freundlichen Eindruck. Im Stausee von Erto aber war das Wasser schweigsam, unbewegt, düster und unheimlich, so als würde es etwas im Schilde führen. Dann und wann hörte man vom Monte Toc her ein tiefes Ächzen. Die Leute aus der Gegend machten sich Sorgen, doch die Techniker winkten nur ab. Nichts würde passieren, gar nichts. Und damit gaben die Menschen sich zufrieden. Sie legten ihr Schicksal in die Hände derer, die es besser wissen mussten, denn sie hatten ja alle studiert. Auch der Kranke hat schließlich vollstes Vertrauen zum Arzt.

So ging auch der September vorüber. Die Schwarze war gerade früh genug von der Hochweide gekommen, um ihr Kälbchen zur Welt zu bringen, das die Geschwister auf Vorschlag des Jüngsten »Giotto« nannten, weil es so bildschöne Farben hatte.

Und dann ging es schon los mit den ersten Vorbereitungen für die Schule: Neue Bücher, neue Hefte und manches andere wurde gebraucht. Die Hefte aus Altpapier, die ihnen die Mutter früher gemacht hatte, hatten jetzt ausgedient. Es wäre nicht schicklich gewesen, mit diesen bescheidenen Kulturträgern in die Schulen der Stadt zu kommen.

Schließlich war der Oktober da und mit ihm der erste Schultag. Am Morgen kam der Bus der Familie Giordani vorbei und holte die neuen Schüler ab. Auch ich und mein Bruder Felice gehörten dazu, mitsamt dem Geruch der Almhütte, der uns noch anhaftete.

Wir wurden nicht gerade sanft empfangen: Die Kinder aus dem Städtchen begrüßten uns mit Spottversen über unsere ärmliche Kleidung. Die Söhne des Steinmetz fingen sofort eine Rauferei mit zwei Schlingeln aus Longarone an, die sich über unseren gutturalen Dialekt lustig machten. Im Kampf zogen die Stadtjungen natürlich den Kürzeren. Aber die Streitereien dauerten nur wenige Tage. Danach kamen auch die guten Seiten zum Vorschein, die ersten Freundschaften entstanden und plötzlich gehörten wir einfach dazu.

In der Nähe der Schule in Longarone gab es einen Friseursalon, der die Kleine des Steinmetz magisch anzog. Jeden Tag spähte sie in der Pause durch die beschlagenen Fenster dort hinein, wo sich all ihre Träume mittlerweile fest verwurzelt hatten. Sie hoffte, dass die Chefin des Salons sie am Ende der Schulzeit als Lehrling annehmen würde. Und außerdem hatte sie bemerkt, dass ein Junge sie während der Schulstunden immer anstarrte. Das gefiel ihr nicht wenig, und so konnte sie es kaum erwarten, in die Schule zurückzukommen, um den aufregenden Blick wieder auf sich ruhen zu fühlen. So ist das Leben nun einmal: Anfangs verabreicht es uns in kleinen Dosen die Illusion absoluten Glücks. Dann wird das Zauberschloss der Jugend mit den Jahren erbarmungslos dem Erdboden gleichgemacht.

Doch diese Kinder und mit ihnen zusammen viele andere kamen erst gar nicht so weit, ihre Illusionen dahinschwinden zu sehen. Sie starben, noch ehe das Schicksal zu seinen Schlägen ausholen konnte. Ihre Seele war noch voller Träume, als sie die Welt verließen. Manchmal, wenn mir das Herz in die Vergangenheit ausreißt, sehe ich ihre Gesichter wieder vor mir, ihr strahlendes, hoffnungsvolles Lächeln.

Die ersten Oktobertage verflogen. In der neuen Schule spielte sich langsam alles ein, das Leben nahm seinen geregelten, rhythmischen Gang. Am 9. Oktober gingen die Kinder des Steinmetz zur Schule, wie jeden Tag. Es war Herbst geworden. In der Luft hing der Dunst des vom ersten Frost geknickten Baldrians. Elstern und Krähen riefen sich krächzend einen letzten Gruß zu, denn die Ersten zogen schon auf und davon. In den Höfen aber drängten sich die Holzscheite ängstlich aneinander, weil sie wussten, dass nun der gierige Schlund des Ofens auf sie wartete. Der Tag war hell und klar.

An diesem Abend gab es im Haus des Steinmetz eine Mahlzeit aus Reis und eingelegtem Gemüse. Beim Essen erzählte das Mädchen der Mutter, dass die Padrona des Friseursalons in Longarone sie draußen vor dem Fenster bemerkt hatte. Sie hatte ihr angeboten, in den Ferien als Praktikantin zu arbeiten. Voller Begeisterung meinte sie:

»Du wirst schon sehen, Mama. Wenn ich erst einmal Friseuse bin, mache ich dich zur schönsten Frau im ganzen Dorf.«

Nach dem Abendessen gingen die Kinder auf ihr Zimmer. Die Eltern blieben noch ein wenig in der Küche am Feuer sitzen. Sie sprachen von der Zukunft und davon, ob ihre Kinder es einmal gut haben würden. Hoffnung und Zuversicht sprachen aus ihren Worten. Und gegen zehn gingen auch sie zu Bett.

Um Viertel vor elf brach das gewaltige Getöse los.

Ich würde so gerne glauben, dass es sie im Schlaf erwischte, dass sie nicht merkten, wie der Tod sie holen kam.

Jahre später irrte eines Nachmittags der alte Pin dort umher, wo einst einer der größten Dämme der Welt gestanden hatte, immer noch auf der Suche nach dem Ehering seiner Frau. Stattdessen fand er eine Stoffpuppe ohne Arme. Er, der niemals eigene Kinder gehabt hatte, hatte die Kinder der Lichtung sehr lieb gewonnen, weil seine Hütte ganz in der Nähe stand. Und er beteuerte in seinem stillen Wahn, dass diese Puppe der Kleinen des Steinmetz gehört hatte. So sicher war er, dass er sie wie eine Reliquie auf den Trümmern des Hauses platzierte, in dem das Mädchen einst gewohnt hatte.

Seit diesem fernen Abend sind viele Jahre vergangen, wie der unerbittliche Lauf der Zeit es will.

Der Wind der Vergangenheit hat die spitzen Kanten dieser tragischen, erschütternden Tage abgeschliffen.

Schließlich finden wir uns mit dem Geschehenen ab, und der Schmerz wird glatt poliert und auf sein Wesen reduziert wie ein Kiesel im Bach. Nur hin und wieder kriecht er unter dem Schleier des Vergessens hervor und lässt uns seine scharfen Kanten fühlen. Und weil das Erinnern instinkthaft geschieht, hebt es unter all den Toten die Gesichter der Kinder heraus, die in den Wassern des Vajont ihr Ende gefunden haben. Dann kommt die Trauer, die unsere Gedanken immer wieder um die Ereignisse dieses letzten Abends kreisen lässt, vorbei und bringt uns ein Gastgeschenk: das Lächeln der Kinder und das Andenken an ihren letzten Sommer.

NACHWORT

Ich frage mich, welche Überraschung Mauro Corona wohl als Nächstes für mich bereithält. Die Erste hat er mir schon kurz nach unserem Kennenlernen beschert. Ich war gerade in Andreis am Rande der Dolomiten, zusammen mit meiner Frau Marisa und einem befreundeten Ehepaar. Ich hatte mir vorgenommen, das Land meiner Vorfahren etwas näher zu erkunden und hoffte, dass sich vielleicht auch dieser Ausflug in einem Reisebericht niederschlagen würde, der *Die Welt en gros und en detail** zeigt. Ein paar Tage früher hatte Mauro mich angerufen, um mir zu sagen, dass er sich gerne mit mir treffen würde.

Ich wusste damals nichts weiter von ihm, als dass wir in Andreis verabredet waren. An jenem regnerischen, feuchten Tag kam er zu Fuß von Erto gelaufen. Als er vor mir stand, war er tropfnass von Regen und Schweiß. Über den zerzausten Haaren trug er sein Taschentuch nach Piratenmanier gebunden. Er sah aus wie einer dieser sattsam bekannten Exzentriker, und so dachte ich bei mir, dass wir einen Kaffee miteinander trinken, uns freundlich verabschieden und niemals wieder sehen würden. Doch gleich nachdem wir uns die Hand geschüttelt hatten, noch bevor

* Titel des bekanntesten Buches von Claudio Magris (Hanser, 1999).

wir in das Lokal eingetreten waren, zog Mauro ein Blatt aus einer Mappe, die er unter dem Arm hielt. Ich kann mich noch gut daran erinnern, wie wir vier uns ansahen, als wir einen ersten Blick darauf geworfen hatten: Überraschung, Erstaunen, Bewunderung spiegelten sich in unseren Gesichtern. Dann überkam uns eine mit Ungläubigkeit vermischte Dankbarkeit für die Launenhaftigkeit der Welt, die, so verschroben und unbarmherzig sie auch sein mochte, einem doch immer wieder Momente wie diesen bescherte.

Das Blatt zeigte eine Kreuzigung: auf das Wesentliche reduziert, stark, schmerzlich und zwingend. Sofort änderten wir unsere Pläne, die wir für diesen Tag gemacht hatten, und fuhren mit Mauro nach Erto hinauf, um sein Atelier und seine Skulpturen anzuschauen – eine intensive Erfahrung, die sich mir unauslöschlich eingeprägt hat. Mauro Corona ist ein großer Bildhauer. Mag sein, dass er sich dessen nicht bewusst ist. Er ist ein Künstler, mit dem wir uns noch gründlich auseinander setzen müssen. Seine Holzfiguren haben die unglaubliche Kraft und schmerzliche Zerbrechlichkeit des Lebens selbst. Frauenkörper, vollendete Gesichter alter Menschen, Tiere, Liebende, Kreuzigungen, der Stamm einer Olive, die sich zu einem tragischen Torso krümmt, einer Nike dieser Täler, uralt und doch so beunruhigend modern. Eine einfache und zugleich ergreifende Poesie, die direkt aus dem Herzen des Lebens kommt.

Von diesem Augenblick an wusste ich, dass diese Poesie mich nicht mehr verlassen würde, dass sie sich einweben würde in mein Leben. Einige dieser Skulpturen befinden sich heute in meinem Haus. In vielen haben Marisa und ich uns wieder erkannt. Wir haben darin ein Abbild unsrer selbst gefunden, ein Bild unseres Lebens, und Mauro wusste dies sehr wohl, als er diese Figuren aussuchte und uns schenkte.

An diesem Tag wurde ein starkes Band zwischen uns geflochten, das seine Kraft aus einer Verwandtschaft des Fühlens bezieht, die Mauro für Marisa und mich zu einem brüderlichen Freund macht, den wir als wesentliches Element unseres Lebens brauchen. Brauchen, um mit ihm gemeinsam das Stück Weg bis zum letzten entscheidenden Schritt zu gehen. Brauchen, weil er diesen Weg zu einer starken, intensiven Erfahrung macht, unterbrochen von erfreulichen Momenten der Rast. Und wir wissen die Rast zu genießen, gerade weil uns bewusst ist, dass wir *einen* Weg gehen, mit all seiner prallen und burlesken Intensität der Gefühle.

Dieses dramatische Lebensgefühl prägt Mauros ganzes Dasein, dieses Gefühl der Brüderlichkeit, das Tiere, Pflanzen – sein lebendiges, geduldig leidendes Holz – und Dinge gleichermaßen umfasst. Ihn durchdringt das, was Umberto Saba »die Wärme des Lebens« nennt. Seine Größe, seine Offenheit für das Leben, die über das Leben selbst hinausgeht, entstehen aus dem liebenden Dialog, der die einzelnen Existenzen zusammenführt und sie aus ihrer Isoliertheit befreit. Mauros Kunst, die der heimlichen Stimme der Dinge zu lauschen versteht und diese hörbar machen will, ist ganz von diesem Gefühl durchdrungen. Und dasselbe gilt für seine Person. Daher ist auch seine Freundschaft etwas, das sich aufs Wesentliche beschränkt, so wie seine Kunst es tut.

Und doch hatte mich diese erste Überraschung noch nicht genügend aus meiner Trägheit gerissen, aus den Automatismen, die uns an unsere Stereotypen fesseln und die Dinge erstarren lassen. Als Mauro mich bat, einige seiner Erzählungen zu lesen, nahm ich diesen Vorschlag zunächst mit Skepsis auf – in den meisten Fällen ein legitimes, ja sogar gesundes Gefühl. In einer Disziplin Meister zu sein bedeutet nicht, dass man auch auf anderen Gebieten ein Könner ist. Hätten Kafka und Thomas Mann sich als Bildhauer betätigt, so hätten sie vielleicht absolut durchschnittliche Werke geschaffen – und sie vermutlich niemals ausgestellt. Eine gewisse Fertigkeit in einer Kunstform – und sei es auch auf höchster Stufe – kann der schöpferischen Betätigung auf einem anderen Gebiet sogar hinderlich sein. Man hat sich sein eigenes Reich der Fantasie geschaffen, doch ist dieses an die Form gebunden, die ihm Ausdruck verleiht. Häufig lässt man sich zu der Annahme verleiten, dass man diese Welt nur in ein anderes Medium zu überführen brauche, dass man sie in die Sprache einer anderen Disziplin übersetzen könne. Doch sind die Ergebnisse meist einfach nur affektiert. Die faszinierende Welt eines Textes kann sich zu einem dünnen Aufguss wandeln, wenn man versucht, sie in die Form eines Aquarells zu gießen.

Als Mauro mir also seine ersten Erzählungen zu lesen gab, erwartete ich zwar, Menschlichkeit, Würde und suggestive Kraft darin zu finden, glaubte aber auch, dass sie angesichts der Macht seines bildnerischen Werkes zurückstehen müssten und keine literarische Eigenständigkeit aufweisen würden. Ich bedaure diese ursprüngliche Skepsis nicht, denn ich denke, dass bei der Beurteilung eines Werkes kritische Reserviertheit ein besserer Ratgeber ist als blinder Enthusiasmus, der aus Bequemlichkeit ein Werk aufgrund von Gefühlen lobt, die mit dessen tatsächlicher Qualität nichts zu tun haben. Nur wenn wir einer Verführung Widerstand leisten, kann sie ihre ganze Macht entfalten. Das gilt für alle Bereiche, vor allem für das Werk eines Freundes, das man leicht überbewerten kann, weil man ihm nahe steht oder in vielen Dingen fühlt wie er.

Ich habe also die Erzählungen von Mauro Corona mit einer gesunden Prise Skepsis gelesen. Und ich habe mich trotz alledem von ihnen bezaubern lassen. Mauro Corona ist ein genialer Bildhauer, aber er ist auch ein wirklich großer, ein eigenständiger Autor. Karg und ohne überflüssige Details verfügen seine Erzählungen über eine Magie des Wesentlichen, mit der er uns seine Geschichten erzählt, die ebenso märchenhaft wie von kruder, elementarer Wahrheit sind. Seine Dichtung besitzt die Autorität des Märchens, das uns Wunder mit äußerster Einfachheit, mit der Selbstverständlichkeit des Alltäglichen präsentiert. Wir spüren die Verbindung mit der Natur in ihnen, das geheime und unaufhörliche Fließen des Lebens, eine unendliche und furchtlose Einsamkeit. Alles ist nah und fern zugleich. Die Figuren steigen aus den Fernen der Erde und der Vergangenheit auf, aus Raum und Zeit, sogar aus Träumen, sie bleiben allem fremd, eilige, unbeugsame Gäste, die wie Landstreicher an den Rändern des Dorfes vorbei streifen. Und doch sind Heim, Heimat, Verwurzelung – auf den ersten Blick unmögliche oder entschwundene Werte – immer auch greifbar nahe: in den Gestalten und im Wurzelwerk alter Bäume, die sich als vertraute Lebens- und Weggefährten erweisen, nicht weniger als Menschen bewandert in der Erfahrung von ursprünglicher Frische, Müdigkeit und brennendem Schmerz.

Eine wunderbare Welt offenbart sich uns überall, unerschöpflich und großzügig, aber auch schmerzvoll. Sie lässt ihre Stimme erklingen, brüderlich und drohend zugleich, zeigt uns ihr ungreifbares, wandelbares Gesicht, manchmal mit dem unergründlichen Lächeln des Lebens, manchmal mit der bösen Grimasse unendlicher Verzweiflung. Die Dinge dieser Welt, vor allem die Bäume, haben eine eigene Persönlichkeit, ein Eigenleben, das uns ganz natürlich erscheint. Auch in seinen Erzählungen bleibt Mauro Corona der Dichter des Holzes, seiner geheimnisvollen und tiefgründigen Passion. Doch die wahre Stärke dieser Erzählungen zeigt sich im Stil: geradlinig und ohne jeden Schnörkel. Die Sprache wird behauen wie ein Baumstamm, die wissende Hand tilgt alles Überflüssige und Unnütze, sodass Stück um Stück das Gemeinte zum Vorschein kommt, die Gesichter, die Leiber, die Geschichten.

Es sind kurze Geschichten, in denen Raum und Zeit sich ausdehnen, um sich greifen, bis sie auch die entferntesten Figuren erfasst haben, eine Odyssee zu blutvollen und ungewöhnlichen Existenzen, Irrlichter der Seele, die trotz alledem der Erinnerung an Orte, Gesten, Einzelheiten und Gefühle treu bleiben, die, einmal wahrgenommen, für immer aufbewahrt werden. Wehmut ist darin, aber auch ein starkes Gespür für das Leben und dafür, dass wir alle in unserer Einsamkeit dieselbe Straße gehen. Die Bühne, auf der diese Geschichten spielen, ist häufig eng begrenzt, und doch durchweht sie der Wind des weiten Horizonts. Kleine Angelegenheiten werden erzählt, kleine Geschichten von kleinen Leuten, und doch haftet ihnen ein Hauch von Ewigkeit an, so wie der große Rahmen der Natur und der Landschaft das kurze Leben einer Blume oder eines Menschen umfängt, der dort seine Wurzeln schlägt.

Diese Erzählungen sind das Werk eines ernsthaften, leidenschaftlichen Künstlers. Sie weisen uns den rechten Weg ins Leben. Mauro Corona hat einen Körper aus Eisen, eine feine, ausgeprägte Intelligenz – die sich vergebens als naive Exzentrizität zu verkleiden sucht – und das Herz eines Poeten, eines wahren Dichters. Corona besitzt die Schlichtheit der Taube, von der das Evangelium spricht. Doch das Evangelium lehrt uns auch, dass wir klug sein müssen wie die Schlange. Wir sollten das Böse kennen und wissen, wie viel Arglist nötig sein kann, um nicht unter die Räder zu kommen. Wer weiß, ob der Kopf, das Herz und die Hände, die diese Skulpturen und Geschichten schaffen, ohne die Vorsicht der Schlange auskommen werden.

Claudio Magris